Ocurrió en Venezuela

El país visto desde sus telecomunicaciones

Fidel Ángel Salgueiro Pérez

Ocurrió en Venezuela

El país visto desde sus telecomunicaciones

Ocurrió en Venezuela
Primera Edición: Marzo 2022
ISBN: 9798449146403
Sello: Independently published

© del texto: Fidel Salgueiro
Todos los derechos reservados. Prohibida la reproducción total o parcial por cualquier medio o procedimiento sin la autorización expresa y escrita del titular del copyright.
Diseño de la colección, concepto, maquetación y portada:
© Fidel Ángel Salgueiro

A mi esposa Karelia.
A mis alumnos de postgrado.
A Venezuela ese gran país al que le debo todo.

Dedicado a Fernando Martínez Mottola.

Fernando, además de ser un gran amigo y mentor, fue un destacado ingeniero egresado de la Universidad Simón Bolívar. Gracias a una beca otorgada por el *plan de becas Gran Mariscal de Ayacucho*[1], un proyecto personal del presidente Carlos Andrés Pérez (1974-1979) durante su primer gobierno, pudo cursar un doctorado en Políticas Públicas en Estados Unidos. Proyecto que por cierto formó a cincuenta mil venezolanos en las mejores y más prestigiosas universidades del mundo.

Como ejecutivo, político y profesional, Fernando fue líder y responsable del proceso de privatización de CANTV, además de ser su presidente. Fue el principal artífice de la apertura del sector de telecomunicaciones en Venezuela durante la década de los noventa. Estos logros le permitieron alcanzar el cargo de Ministro de Transporte y Comunicaciones (1992-1993).

Tanto la privatización de CANTV como la apertura del sector de telecomunicaciones fueron procesos caracterizados por su transparencia, obra de Fernando. Esta es la razón por la cual me opuse a que CASETEL[2], que aún mantiene ese reconocimiento, otorgara una placa a Diosdado Cabello y Jesse Chacón —militares involucrados en las intentonas golpistas de 1992 y luego directivos de CONATEL durante el primer mandato de Chávez— por sus «supuestos aportes a la apertura del año 2000».

Fernando siempre trabajó por un mejor país. Esa convicción lo llevó a vincularse con los diversos esfuerzos de la oposición democrática venezolana para poner fin a la tragedia que ha forzado al exilio a más de nueve millones de compatriotas.

---

[1] El 4 de junio de 1974, el presidente Carlos Andrés Pérez estableció el programa de becas Gran Mariscal de Ayacucho mediante el decreto número 132, marcando un hito significativo en la historia venezolana del siglo XX. Inicialmente administrado por Cordiplan y luego por la Fundación Gran Mariscal de Ayacucho desde 1975, este programa buscaba democratizar el acceso a la educación y fomentar la innovación en diversos sectores. Entre 1974 y 1980 ya había beneficiado a aproximadamente cincuenta cinco mil estudiantes en el extranjero y una tasa de culminación exitosa superior al 95%.

[2] Cámara de servicios de empresas de telecomunicaciones

Fue uno de los seis miembros de la dirección del movimiento liderado por María Corina Machado que se vieron forzados a solicitar asilo[3] en la embajada de Argentina en Venezuela, desde marzo de 2024 hasta mayo de 2025, debido a la persecución política promovida por el régimen que hoy gobierna el país.

Fernando nos dejó el 26 de febrero de 2025, en un momento en el que aún podía aportar muchísimo a Venezuela. Su fallecimiento, probablemente, fue consecuencia de las secuelas que su salud sufrió tras haber pasado nueve meses confinado como prisionero en una embajada.

---

[3] El 20 de marzo de 2024, seis asesores de María Corina Machado se refugiaron en una embajada tras una orden de captura. Cuatro escaparon el 6 de mayo de 2025, uno se entregó y otro escapó en diciembre de 2024, finalizando un asedio de 413 días. Fernando Martínez Móttola salió el 20 de diciembre de 2024 y falleció en febrero de 2025. La revocación del permiso a Brasil para custodiar la embajada por parte del presidente Nicolás Maduro generó denuncias de patrullas de inteligencia alrededor de la residencia. El incidente tuvo repercusiones regionales, con condenas de varios países en solidaridad con Argentina.

Mis agradecimientos a:

El ingeniero Alfredo Avella Presidente de la Comisión TIC de la Academia Nacional de Ingeniería y Hábitat, de la cual soy miembro y al PHD Paul Esqueda, mi profesor del IESA, por sus respectivos prólogos.

Los ingenieros Jorge Mogollón, compañero de la Compañía Anónima Nacional Teléfonos de Venezuela y José Manuel Martínez, mi profesor en la Universidad Central de Venezuela, por sus valiosos aportes y observaciones.

«Las cosas siempre vuelven al lugar donde salieron»
Rómulo Gallegos

«Qué agarradora y fuerte y dominante es Venezuela. Haber nacido en ella es un compromiso; desarraigarse de ella es imposible. Eso lo siento yo en forma premiosa. Hasta comiéndome una lata de sardina sentía que eran las mejores del mundo»
Rómulo Betancourt[i] en Carta dirigida a su hija Virginia Betancourt, fechada en Nápoles, 22 de enero de 1966

Tabla de contenido

Prólogo de Alfredo Avella 17

Prólogo del PhD Paul Esqueda 21

Prólogo del autor 27

La importancia de la Política Pública 31

La llegada del teléfono a Venezuela 47

El Centro de Estudios de Telecomunicaciones: una institución en cuatro etapas 61

1989: el año que Venezuela restructuró su sector de telecomunicaciones. 77

CANTV un son montuno a tres tiempos. 113

El nacimiento de la Telefonía móvil celular en Venezuela: aquello que inventamos 133

Del Plan Caracas de CANTV al plan cien días de Henrique Capriles 163

CANTV año 2012: nuevos desafíos, nuevas oportunidades o el comienzo de la debacle 181

El equilibrio entre el uso del espectro y la convergencia: Los desafíos de Venezuela 197

La Necesaria discusión de una Agenda Digital Nacional 205

Innovar y emprender: un sueño necesario para un país posible 213

Entrevista al Presidente Felipe González: Madrid 20 de julio de 2016. 219

i Rómulo Betancourt 269

ii Carlos Andrés Pérez 275

Acerca del autor 279

Prólogo de Alfredo Avella

Me siento honrado al haber sido seleccionado por Fidel Ángel Salgueiro Pérez como proloquista de esta obra; por ello, manifiesto mi agradecimiento por su decisión.

Inicio con una breve semblanza del autor. Es venezolano, estudió Computación en la UCV e Ingeniería Electrónica y Comunicaciones en EE.UU. Hizo varias maestrías: Liderazgo Directivo, Coaching e Inteligencia Emocional en España; Desarrollo de Negocios en EEUU; Gerencia Empresarial y el Programa Avanzado de Gerencia en Venezuela. Tiene más de 43 años de experiencia en telecomunicaciones, de los cuales veinte en CANTV[4], donde fue responsable de la operación de la red y de la dirección de desarrollo de nuevos productos y servicios. Participó en la apertura del sector y la privatización de CANTV. Ha sido conferencista y profesor de postgrado en telecomunicaciones. Dedicó varios años en cargos ejecutivos y de consultoría, incluso en empresas transnacionales. Actualmente dicta talleres de liderazgo y es parte del equipo consultor para la consolidación del 4G en una operadora africana.

Ocurrió en Venezuela: el país visto desde sus telecomunicaciones se escribe en una circunstancia particular para una Venezuela que se encuentra comprometida con la transformación digital, proceso el cual avanza por doquier en nuestro planeta. Su

---

[4] CANTV Compañía Anónima Nacional Teléfonos de Venezuela, en lo sucesivo se usarán ambos nombres para referirse a la telefónica nacional.

narrativa busca proveer buena calidad de servicio a los requerimientos de usuarios en diferentes ámbitos.

El libro, en sus diez relatos, expone el contenido de manera sencilla y amena, asociando hechos con actores representativos del sector. También, identifica algunos momentos con conocidos interpretes musicales. En ese sentido, la reflexión de cada espacio-tiempo ayudará a profundizar ideas y proyectos que permitan materializar mejores esfuerzos a corto y mediano plazo. Al contextualizar tiempos diferentes, con sus experiencias y aprendizajes, sus caracterizaciones y reflexiones estimularán el debate de ideas. A mi entender, uno de los valores del libro es poder hablar de un tema técnico, en un vocabulario claro, para que el lector además de interesarse en su contenido también pueda aportar sus sugerencias al futuro del sector telecomunicaciones.

Fidel inicia con el servicio telefónico venezolano a finales del siglo XIX, narra como las varias operadoras regionales integraron a aquella CANTV casi monopólica. Luego entronca su experiencia personal en las etapas del Centro de Estudios de Telecomunicaciones de la CANTV; continua con la evolución tecnológica habida, incluyendo al conflicto de los ingenieros de 1981. También menciona las originales innovaciones habidas en materia de telefonía móvil.

Después, analiza el proceso de reestructuración que inició en 1989 y el cual fue parte de la ola privatizadora latinoamericana. Sus resultados, a la fecha, brindan además de un escenario de varias operadoras en competencia también los posibles nichos para oportunidades de mercado de cara a la incorporación de las nuevas tecnologías. La propuesta de un programa a cien días durante la campaña presidencial del año 2012 representó un ejercicio interesante. Ahora, revisar esa propuesta ante el sorprendente avance de las tecnologías disruptivas permitiría ofrecer mayores beneficios a los usuarios. Ese futuro escenario obliga a incentivos y condiciones para un mercado competitivo.

En el libro el autor describe experiencias técnicas vividas para la interconexión de la telefonía móvil con las redes de telefonía fija, incluyendo detalles de modalidades de llamadas y su facturación, así como la identificación del abonado que llama y en especial la exitosa modalidad del prepago. Fidel tuvo la experiencia de exigir a las operadoras índices de calidad de servicio durante la apertura del sector; posteriormente, le correspondió intentar cumplirlos desde su cargo gerencial en la CANTV privatizada. La narrativa menciona que el creciente tráfico con protocolo Internet –IP- fue conformando la digitalización de la red con tecnología TDM. Para finales de 2006 el 12% de la red CANTV había migrado a centrales con señalización SS7; pero en ese contexto, CANTV fue nacionalizada.

Fidel menciona estrategias que buscan mejorar la eficiencia empresarial, enfoca acciones prioritarias para crecimiento rentable en servicios IT, servicios de banda ancha, una red de transporte y fortalecer sistemas 4G. También señala la necesidad de acometer diversos proyectos en fibra óptica al tiempo que propone incentivar la innovación. Presenta indicadores del sector señalando los bajos niveles de calidad de servicio. Para superar calidad de servicio y las dificultades financieras del país prevé la necesidad de una "Agenda Digital" incluyendo la reingeniería de CANTV.

Por el empeño y dedicación de Fidel Salgueiro al estudio y difusión del tema; creo que su aporte no termina aquí, sus relatos y propuestas abren al lector espacios para diálogos constructivos tan necesarios en el país.

Prólogo del PhD Paul Esqueda

Las telecomunicaciones e informática motorizan y liderizan el cambio tecnológico que hemos vivido en las últimas décadas en la llamada cuarta revolución industrial. La velocidad y capacidad creciente, en forma exponencial, de las telecomunicaciones aunado a la velocidad y capacidad, también creciente en forma exponencial, de procesamiento de los ordenadores actuales seguidos del protocolo de comunicación Internet han hecho posible esta revolución. Hoy vemos con frecuencia como las empresas manufactureras y de servicio integran sistemas de computación en la nube, inteligencia artificial, análisis de datos en tiempo real (data analytics and big data), manufactura aditiva (impresión en tres dimensiones), ciberseguridad, robots autónomos, realidad aumentada e internet de las cosas (IoT) a través de la red de telecomunicaciones para aumentar la productividad e innovación en forma significativa. Este breve recuento nos da una idea de la relevancia actual de esta obra de Fidel Salgueiro que nos pasea por la historia de las telecomunicaciones en Venezuela desde su incepción en nuestro país a finales de 1881 hasta nuestros días. Salgueiro nos relata la vinculación del desarrollo de las telecomunicaciones con el liderazgo político de cada época, con las empresas transnacionales, con el nacimiento de nuevos emprendimientos y con el estado del arte de la tecnología al momento. Es la historia contada por uno de sus protagonistas, al menos en una buena porción de ese periodo.

Parte del debate cotidiano en Venezuela, al menos en el pico de mi carrera profesional (1978-2000), era sobre la propiedad del estado o privada de las empresas de servicios públicos. Los que favorecen la propiedad del estado como modelo en el sector telecomunicaciones argumentan el carácter estratégico del servicio como tema de seguridad de estado. De hecho, actualmente en Venezuela observamos a una CANTV propiedad del estado que controla los servicios de Internet con fines de dosificar del acceso a la información y el eventual control ciudadano. Luego están los que favorecen unas redes de telecomunicaciones totalmente privadas dejando al estado el rol de regulador para establecer los equilibrios necesarios y proteger el interés público. Salgueiro nos muestra que una empresa privada recibió, lo que aparenta ser la primera licencia de operación otorgada en Venezuela a la empresa Intercontinental Telephone Company (ITC) de New Jersey, USA en 1884. Desde ese entonces los servicios han cambiado de estar en manos del estado a manos privadas y viceversa en varias ocasiones a lo largo de la historia mostrada por Salgueiro.

Un modelo de desarrollo de nuevos negocios en temas tecnológicos es la aparición de empresas o emprendimientos con tecnologías novedosas que van ocupando áreas geográficas en distintas partes del país a medida que van creciendo. Se llega un momento en que se da un proceso de fusiones y adquisiciones de las empresas con motivo de la alta competitividad o saturación del mercado que ocasiona una sacudida al negocio donde quedan las que sobreviven y desparecen las empresas poco competitivas. Salgueiro nos ilustra este proceso al indicar "En 1.930 el Ministerio de Fomento le otorgó a Félix Guerrero la concesión para la construcción de una red telefónica de alcance nacional. Posteriormente, Guerrero se asoció con Manuel Pérez Abascal y Alfredo Damirón y entre los tres fundan la CANTV, que se inicia comprando a distintas empresas que ya operaban el servicio de telefonía local en el país, entre ellas The Telephone and Electrical Appliances Company, que ante la negativa del aumento de tarifas toma la decisión de vender sus activos y retirarse del país." Esta breve declaración ilustra el estado de cosas del negocio de la telefonía en Venezuela en la época donde imperaba la libre competencia con fusiones, adquisiciones y retiros del negocio como el orden del día.

Me correspondió el honor y el privilegio de ser fundador y presidente de la Fundación Instituto de Ingeniería (1982-1993), dependiente del Ministerio de Fomento, y buscamos intensamente con éxito el patrocinio de PDVSA, CANTV, VENALUM y CADAFE. Todas empresas del estado con solidez empresarial en ese entonces y que además de verlos como socios en potenciales desarrollos tecnológicos, los veíamos como fuente de aportes directo dada su solvencia financiera. La mentalidad en ese entonces era el estado propietario sin tener en cuenta que el libre mercado y la libre competencia son más apropiados para todos esos negocios y muy particularmente para las telecomunicaciones como lo demuestran los dramáticos avances tecnológicos señalados al principio del prólogo. Creo que todos fuimos influenciados por esa mentalidad del "papa estado."

Otra novedad del libro es el paralelo entre la evolución de las telecomunicaciones y la evolución de la salsa. Los que nacimos y crecimos en los barrios populares de Caracas resonamos con ese género de música, nos hace vibrar y nos despierta las emociones tal como el debate propiedad del estado o propiedad privada despierta pasiones en los venezolanos.

Las telecomunicaciones también han sido una muestra de diversidad cultural dada las diferentes tecnologías, administraciones y nacionalidades que Salgueiro señala. En tecnología, Alemania, el Reino Unido, Suecia, Estados Unidos, Canada, Japón, entre los más importantes, se destacan como proveedores de tecnología, equipos y entrenamiento. Salgueiro destaca como "De hecho, la influencia inglesa en los procesos de trabajo de lo que sería a posteriori la CANTV quedo marcadamente como legado y estableció una ética de trabajo en el proceso de operación y mantenimiento de las centrales telefónicas de CANTV, también conocida como red de conmutación, que se mantuvo más allá de los noventa y que fue en sí misma una escuela para formar a técnicos y obreros en la empresa".

Los conflictos no escapan a un negocio tan complejo como las telecomunicaciones y CANTV se encontró en un enfrentamiento entre la dirigencia empresarial y los técnicos profesionales en 1981. Como bien lo señala Salgueiro "El conflicto termina por convertirse en una defensa del respeto a la carrera profesional dentro de la empresa y por mantener la estructura de méritos y el régimen de concurso para optar a posiciones gerenciales." Esto es solo un ejemplo de los múltiples conflictos vividos por la empresa.

El proceso de privatización de CANTV iniciado en 1990 es ampliamente discutido por Salgueiro. Como rasgo inusual, él señala la transparencia del proceso. Ciertamente desde el presidente Carlos Andrés Pérez[ii] hasta toda la cadena de mando se aseguraron de poner en marcha un proceso totalmente integro, limpio, con equidad y con absoluta transparencia siguiendo estándares internacionales. En eso coinciden todos los analistas del proceso con Salgueiro.

Las innovaciones en el negocio de las telecomunicaciones nos son solamente tecnológicas, como bien lo indica Salgueiro, el concepto de «el que llama paga» (Calling Party Pays) fue una innovación que surgió en Venezuela. Ante la dificultad de identificar plenamente el final de una llamada y facturar al receptor, CANTV decidió en el área de telefonía móvil que «quien origina la llamada paga». Esto resultó en una gran innovación que hizo prácticamente explotar el negocio de las telecomunicaciones.

Fidel Salgueiro tuvo una larga trayectoria en CANTV desde 1975 cuando se inició como técnico en la tecnología Hitachi Crossbar. Salgueiro ha servido a CANTV y a las telecomunicaciones en Venezuela en general, con pasión, dedicación y profesionalismo. Vivió momentos de altísimo crecimiento del sector y de total depresión a lo largo de su estadía con las consecuentes euforia y tristeza respectivamente. Le tocó vivir la transición de centrales manuales soportados por operadoras y clavijas en Panaquire, Estado Miranda en 1992 con doce suscriptores (por ejemplo) a centrales automáticas con tecnología más moderna en una mezcla de nostalgia y modernismo. Salgueiro expresa mucho orgullo en su carrera en CANTV donde recibió su título de técnico en Telecomunicaciones en la especialidad de Conmutación en 1984. Les recomiendo leer detenidamente este libro lleno de anécdotas y escrito por uno de los protagonistas de esa historia de las telecomunicaciones. Conocer el pasado nos ayuda a predecir un mejor futuro. Gracias Fidel por documentar esta historia.

Paul Esqueda

Profesor Emérito de Penn State University

Filadelfia, 17 de octubre de 2021

Prólogo del autor

¿Puede la historia de un país contarse a través de sus cables, satélites y centrales telefónicas? *En Ocurrió en Venezuela*, la respuesta es un rotundo sí.

Ser protagonista y testigo de excepción, me permiten hablar en este libro sobre el auge y la caída de su sector de telecomunicaciones. En mi caso han sido más de 40 años dentro sector, una carrera que inicié como técnico en CANTV hasta gerente y que me permitió trabajar en la privatización de la empresa por tanto este libro contiene una historia que va mucho más allá de la tecnología.

Este no es un libro técnico. Es una crónica vibrante sobre el poder, la innovación y la debacle y donde el lector descubrirá:

La historia íntima de CANTV. Desde sus inicios como empresa privada, su nacionalización, pasando por su transformación en un modelo de privatización exitoso para América Latina, hasta su colapso en manos del Estado.

Las innovaciones hechas en materia de telecomunicaciones en el país para crear el modelo el que llama paga o «Calling Party Pays», lo que cambió la telefonía móvil para siempre.

Anécdotas y detalles sobre las figuras políticas que marcaron una época.

Y una entrevista reveladora, exclusiva y esclarecedora a Felipe González, expresidente del gobierno español, quien ofrece su perspectiva única sobre la Venezuela de Carlos Andrés Pérez y los desafíos de la democracia.

Por tanto, *Ocurrió en Venezuela* es la historia de un país contada al ritmo de un «son montuno», con sus momentos de esplendor, sus conflictos y su trágico final. Es una lectura indispensable para entender las claves del colapso venezolano y, más importante aún, las bases sobre las que se puede reconstruir el futuro.

Entre los año 2002 y el 2015, compartía mis actividades profesionales con la de escribir sobre las telecomunicaciones en Venezuela, un área sectorial que experimentó entre 1950 y el 2000 cuatro eventos importantes y sobre los cuales documenté tanta información que pensé era importante dejarla como referencia a las nuevas generaciones. Estos eventos fueron los intentos de modernización de CANTV en los años sesenta y setenta del siglo XX; los proyectos de modernización tardía de finales de los ochenta; la privatización, apertura y liberalización del sector iniciada en 1990 y la renacionalización de CANTV ocurrida en 2007.

Venezuela vivió momentos de esplendor como la creación del Centro de Estudios de Telecomunicaciones bajo los auspicios de la UNESCO[5], el primero de su tipo en América Latina; la licitación del millón de líneas considerado un modelo de licitaciones

---

[5] La Organización de las Naciones Unidas para la Educación, la Ciencia y la Cultura es un organismo especializado de Naciones Unidas creado el 16 de noviembre de 1945 y cuya misión es "contribuir a la consolidación de la paz, la erradicación de la pobreza, el desarrollo sostenible y el diálogo intercultural mediante la educación, las ciencias, la cultura, la comunicación y la información".

públicas; la privatización de CANTV otro modelo de transparencia y las innovaciones desarrolladas en la telefonía móvil únicas en el mundo. Este trabajo recoge esas experiencias y en lo personal esperaría se convirtiesen en parte de un registro histórico que nos permita trabajar de cara al futuro en la modernización del país.

Soy de los que considera que como nación necesitamos trabajar en una «Agenda Digital[6]» que nos permita construir la infraestructura de una autopista de la información y enfocarnos en el desarrollo sostenible de un modelo TIC[7] que le garantice a todos los venezolanos el acceso a la Sociedad de la Información y del Conocimiento.

Por último, el libro *Ocurrió en Venezuela: El país visto desde sus telecomunicaciones* recoge una parte de los trabajos que publique para la revista Inside Telecom entre el 2000 y 2015 y donde documentó la evolución del sector de las telecomunicaciones del país, sobre todo a partir de la segunda parte del siglo XX e incluye estrategias y acciones, que consideró ayudarán, llegado el momento, en la reconstrucción nacional y en el diseño de una Agenda Digital que facilite el desarrollo sostenible, competitivo e inclusivo de la nación.

---

[6] La Agenda Digital es una hoja de ruta para el aprovechamiento de tecnologías de información y comunicación TIC en la relación del Estado con la ciudadanía y las empresas, la Economía Digital, y la Conectividad del país con la banda ancha y la sociedad de la información.
[7] Tecnologías de la información y Comunicación

Personalmente creo que Venezuela, en algún momento, deberá aprovechar la calidad de su talento humano, fuera y dentro de sus fronteras, su espíritu emprendedor e innovador para discutir acerca de su futuro como nación y en particular acerca de cómo desea abordar sus telecomunicaciones en tiempos en los que la convergencia tecnológica, los contenidos, el acceso a Internet y la transformación digital son marcadores claves en la nueva economía.

Solo espero que esta lectura sea de interés y utilidad, sobre todo a las nuevas generaciones.

La importancia de la Política Pública

He realizado esta introducción porque es probable que hayamos dejado olvidado en el tiempo el recuerdo de que en los años ochenta, cuando el concepto de universalización de las telecomunicaciones consistía en contar con un teléfono en casa, en Venezuela solo siete de cada cien hogares contaban con una línea telefónica y quien aspiraba a tener una debía esperar en promedio ocho años; luego si se contaba con la suerte de tenerla, al momento de efectuar una llamada en la hora pico se debía atravesar una suerte de penuria en la que para obtener el tono de invitación a marcar se debía esperar hasta diez minutos; superado este escollo la congestión, derivada de la mala calidad del servicio ofrecido, podía llevar a realizar de tres a cuatro intentos de llamada. De esta manera un contacto telefónico, que en promedio podía durar de tres a cinco minutos, tomaba hasta cuarenta minutos alcanzarlo con éxito.

Algo similar que ocurre hoy, pero con el servicio de Internet del país de los más deficientes de la región. Luego de la renacionalización de CANTV producida en 2007, la empresa parece haber retrocedido a episodios de mala gestión empresarial, corrupción y clientelismo político, con una importante diferencia: las consecuencias de su deterioro en el siglo XXI tiene impactos mayores para el desarrollo nacional.

Que el Estado desarrolle acciones orientadas a favorecer a la mayor cantidad de personas es una exigencia ciudadana. Por esta razón sus actuaciones tienen como propósito realizar objetivos de interés público que puedan ser logrados con criterios de eficacia y eficiencia y con una dimensión social. En líneas generales esto suele ser llamado Política Pública.

En consecuencia la Política Pública tienen una doble dimensión: política y técnica, lo que significa que es diseñada con elementos normativo-regulatorios y científico-técnicos. Los primeros se orientan a alcanzar objetivos de interés y beneficio social general, por lo que deben ajustarse al marco constitucional vigente, los segundos son las acciones o aspectos técnicos que permiten o facilitan alcanzar los objetivos deseados.

Esta bidimensionalidad es la que garantiza que los logros de la Política Pública se transformen en hechos sociales y políticos. En líneas generales esta forma de actuación ha definido en América Latina una forma de ejecución en la elaboración de Políticas Sectoriales.

El componente político y el técnico de la política pública se articula sin conflictos ni tensiones, cuando las acciones de gobierno cuentan con suficiente aceptación social y a su vez producen los resultados esperados. En Venezuela tenemos muy buenos ejemplos de esto último: La universalidad del acceso en servicios como el eléctrico, que a mediados de los setenta nos convirtió en el país más electrificado de la región; el agua y más recientemente el servicio de telecomunicaciones del cual hablaremos en este libro. Tres sectores por cierto en los que Venezuela fue en un país referente para América Latina entre 1950 y 1980

Cuando los componentes político y técnico entran en tensión y uno trata de prevalecer sobre el otro los impactos sociales son terribles: un buen ejemplo es la tradición populista latinoamericana de imponer consideraciones políticas para ofrecerle a los ciudadanos «el paraíso en la tierra» algo «sublime en su intención», pero poco factible o son insensatamente costoso, para muestra la Cuba socialista o el experimento venezolano llevado adelante desde 1998, donde las acciones «políticas sublimes» han tenido consecuencias desastrosas.

El efecto contrario es minimizar las consecuencias políticas que provocan sus decisiones técnicamente bien fundadas aun cuando tengan un terrible impacto social por ejemplo la medida de dolarización de la economía en Ecuador que redundó en la salida del gobierno de Jamil Mahuad o las privatizaciones llevadas adelantes en Chile durante el gobierno de Pinochet, que dejó en claro una sola cosa: con todas las dificultades las trasformaciones económicas deben ser realizadas en consenso y para ello es necesario disfrutar de una democracia fuerte y saludable con instituciones públicas sólidas y estables.

El equilibrio entre las dimensiones técnica y política es necesario para obtener buenos resultados ya que las políticas públicas representan un programa de acción del estado dirigido a un sector de la sociedad; la cobertura de estas políticas tiene acotaciones de tipo geográfico, demográfico o sectorial. Técnicamente, por lo general, con ellas se pretende diseñar un plan que beneficie el desarrollo de un sector alineado con la política de desarrollo de un país, todo lo cual termina siendo plasmado en una Ley.

En el caso que nos atañe, la Política Publica Sectorial de Telecomunicaciones de Venezuela, al menos hasta el año 2000, ha sido junto con la de petróleo probablemente de las más exitosas que ha tenido el país. Se inicia como descubrirá el lector de modo incipiente en la década de los treinta, pero alcanza rango formal con el nacimiento de nuestra democracia en el año de 1958. Y aunque este libro no pretende ni aspira a ser un tratado de políticas públicas hago referencia a ella como testigo, y en algún momento actor, del devenir de un sector al que he estado vinculado desde 1975.

Para ello me valdré de algunos aspectos que considero de interés. Entre 1940 y 1990 el establecimiento y la explotación de las telecomunicaciones, estuvo reservado al Estado, reserva establecida en el artículo 1° de la Ley de Telecomunicaciones de 1940, que dispuso que tales actividades le correspondían exclusivamente al Estado, así como su «administración, inspección y vigilancia».

A partir de 1946, el Estado Venezolano, a través del Ministerio de Comunicaciones, comenzó a desarrollar redes de telecomunicaciones, específicamente, los servicios de telégrafo, télex y telefonía, y a competir con las operadoras privadas concesionarias de los servicios, algunas de las cuales se encontraban en el país desde comienzos de siglo y otras como CANTV[8], de carácter privado nacional que se había iniciado en los años treinta.

Esta actuación del estado desembocó en la adquisición y nacionalización de CANTV en 1953 y desde ese momento nacionalizaría progresivamente al resto de las empresas de telecomunicaciones, fusionándolas con esta empresa. El último de los operadores en ser nacionalizado fue una empresa inglesa que operaba en el estado Apure, ocurrida durante la I presidencia de Rafael Caldera (1968-1973).

Con el retorno de la democracia en 1958 el gobierno de Rómulo Betancourt alinea los planes de expansión de telefonía con los planes de desarrollo nacional. Uno de sus primeros y más importantes logros fue la creación del Centro de Estudios de Telecomunicaciones para formar en él a los profesionales y técnicos que demandaba el sector, proyecto apoyado por la UNESCO[9] siendo a su vez el primero en su tipo en América Latina.

Quien esto escribe es egresado de ese centro de estudios. Este hecho es una expresión de una Política Publica Sectorial donde las dimensiones técnica y política estaban perfectamente alineadas. Resalando que este accionar cubría todos los ámbitos sectoriales que el gobierno nacional llevaba adelante en ese momento para

---

[8] Compañía Anónima Nacional Teléfonos de Venezuela, empresa fundada por Feliz Guerrero y concesionaria de los servicios desde 1930.
[9] La Organización de las Naciones Unidas para la Educación, la Ciencia y la Cultura, conocida abreviadamente como Unesco.

muestra: La electrificación del país y la creación del Guri o la construcción de represas para llevar agua potable a más del setenta por ciento de los habitantes del país.

Retomando la materia de telecomunicaciones durante los años arriba mencionados, el Estado pasó a ser no sólo titular de las telecomunicaciones, sino también responsable de tales servicios, hecho que quedó plasmado en la Ley que regulaba la Reorganización de los Servicios de Telecomunicaciones del año 1965, en la cual se dispuso que el Ministerio de Comunicaciones estaría a cargo de los servicios de telegrafía y radiotelegrafía, la supervisión de los servicios de televisión y radiodifusión, el control del espectro radioeléctrico y de la fijación de tarifas, mientras que la CANTV centralizaría la prestación de los demás servicios de telecomunicaciones presentes, a saber: telefonía fija local, de larga distancia nacional e internacional, télex, radiotelefonía, facsímil, transmisión de datos, el suministro de facilidades para la transmisión de programas de radio y televisión, la oferta de canales telegráficos, así como otros servicios que pudieran surgir posteriormente. Asignaciones que quedaron plasmada en una concesión con una duración de veinticinco años (1965-1990).

El Estado, a través de CANTV, pasó a un modelo de reserva absoluta de la actividad, en tanto que la concurrencia o participación de otros operadores quedaba negada durante esos veinticinco años. Es bueno resaltar que el criterio técnico para esta decisión fue la consideración de que las telecomunicaciones era una industria de altos costos fijos, con fuertes economías de escala, lo que llevó a los expertos a considerar que se trataba de un monopolio natural y en consecuencia lo más eficiente para la sociedad era asignar la responsabilidad de prestación del servicio en un único operador. Adicionalmente el criterio político sostenía que se trataba, al igual que el eléctrico, de un sector estratégico para el país y en consecuencia lo más acertado para el bien común y la universalidad de los servicios era que el Estado lo asumiese.

Es bueno resaltar que estos fueron criterios asumido por la mayoría de los países a nivel mundial, incluso en Estados Unidos, donde la AT&T[10] era considerada un monopolio, y aun era una empresa privada, estuvo sujeta a fuerte regulaciones por parte del Estado Norteamericano, a través de la FCC[11].

En líneas generales la satisfacción del interés público, la consideración de las telecomunicaciones como monopolio natural y la idea de que se trataba de un servicio estratégico llevaron al Estado venezolano a justificar su intervención monopólica.

En 1990, cuando llegaba a su fin el período de exclusividad de veinticinco años establecido a favor de la CANTV y consagrado en la Ley que regulaba la Reorganización de los Servicios de Telecomunicaciones de 1965, el evento que coincidió con el replanteamiento del papel del Estado en la economía nacional que da inicio a un proceso de apertura económica y privatizaciones, conocido

---

[10] American Telephone and Telegraph fundada en 1885
[11] Federal Communications Comission

como el «Gran Viraje»[12], en áreas tan diversas como telecomunicaciones, banca, turismo, aeronáutica y electricidad, con el objeto de lograr mayor eficiencia en cada una de estas actividades a través de las inversiones privadas.

En el caso de las telecomunicaciones el proceso de apertura se inició con la subasta de la Banda A de la Telefonía Móvil Celular, y su posterior adjudicación al consorcio Telcel, C.A., liderado por Bell South, a la postre el segundo operador móvil del país hoy Movistar.

El siguiente paso, y probablemente el más importante, luego de analizar distintas opciones, fue la privatización del cuarenta por ciento de la CANTV, proceso llevado adelante por el Ministerio de Transporte y Comunicaciones, Cordiplan y el Fondo de Inversiones de Venezuela (FIV) y que culminó con la celebración del contrato de concesión de fecha 14 de octubre de 1991, aprobado por el Congreso Nacional el 13 de noviembre de 1991 y la selección de la oferta ganadora dos días después en una subasta pública efectuada en el Banco Central.

En ese acto resultaría ganador el consorcio Venwolrd, que pagó por el cuarenta por ciento de la telefónica nacional un mil

---

[12] Medidas de liberalización económica adoptadas en Venezuela en 1989 por el gobierno del recién electo presidente Carlos Andrés Pérez como respuesta a la recesión económica en la que se sumió el país. El objetivo era una desregulación progresiva de la economía a través de un programa de ajustes macroeconómicos combinados con ayudas sociales directas

ochocientos millones de dólares, y firmaría un contrato concesión por treinta años contrato el 6 de diciembre de 1991.

A partir de ese momento la apertura del sector garantizaba la competencia en todos los servicios que ofrecía CANTV, salvo la telefonía básica que quedó en «régimen de concurrencia limitada[13]» por diez años. La privatización de CANTV, como veremos más adelante, optó por un esquema de participación mixto, entre el Estado que se quedaba con el cuarenta y nueve por ciento de las acciones, los trabajadores con el once por ciento y el consorcio conformado por AT&T, La Electricidad de Caracas, Banco Mercantil y liderados por la GTE como el operador de talla internacional responsable de operar a la telefónica nacional, a la postre convertido en Verizon, el más importante operador de Estados Unidos.

A partir de ese momento las telecomunicaciones quedaron abiertas a la inversión privada; garantizándose con ello una mayor variedad y diversidad en la oferta de servicios y una mejora en la calidad de los servicios como consecuencia de esto último.

Vale resaltar que para 1990 la telefonía fija era considerada el servicio de telecomunicaciones más importante por encima de los datos y la telefonía móvil, por este motivo se establecieron, dentro del contrato de concesión, unas obligaciones de calidad que quedaron establecidas en los denominados Anexos Técnicos del

---

[13] Mantenimiento de la condición de monopolio bajo ciertas condiciones y obligaciones establecidas en el contrato de concesión

Contrato de Concesión que obligaban a la CANTV a alcanzar ciertos indicadores basados en estándares internacionales del servicio.

Es decir que mientras durase el régimen de concurrencia limitada o monopolio por diez años la empresa se obligaba a cumplir con metas en: la completación de llamadas, reducción en los tiempos de obtención del tono de discar, instalación de nuevas líneas, reparación de averías y eliminación de los subsidios cruzados.

Alcanzar los indicadores establecidos en los mencionados anexos, obligaba a la CANTV a realizar importantes inversiones que si eran alcanzados facilitaban los debidos ajustes y rebalanceos tarifarios. Por un lado se aspiraba evitar un rezago en las tarifas, un mal del que padecía la empresa, y por otro eliminar los subsidios que la larga distancia nacional e internacional aportaban a la telefonía local y los convertían en servicios costosísimos,

Debe recordarse que a partir de 1980 los criterios políticos se impusieron por encima de los técnicos, sembrando una cultura populista en el país que alcanzó a todos los precios de los bienes ofrecidos por el Estado, incluyendo la gasolina, y que solo en el caso de la CANTV se tradujo en una de sus perores crisis por las que atravesó la empresa, solo superada por la que empezó experimentar a partir del año 2010.

En 1990 en el sector de telecomunicaciones de Venezuela se implementó un modelo de eficiencia económica, que además se convirtió en el primer ensayo en el cual el Estado dejaba de ser prestador de los servicios para asumir un rol regulatorio y normativo de mercado.

Otro aspecto, igualmente importante, además de la separación del estado de sus roles de operador y regulador, fue el intento de democratización del capital al diseñar sobre las acciones que quedaban en manos del Estado un proceso para llevarlas a la Bolsa de Valores y quiero detenerme a hablar ambos.

La separación de roles se concretó el 5 de septiembre de 1991, con la creación de la Comisión Nacional de Telecomunicaciones (CONATEL), mediante el Decreto Presidencial N° 1.826, como servicio autónomo encargado de la regulación y dirección de las telecomunicaciones. De esta manera las funciones de operación y regulación de los servicios quedaban oficialmente separadas. Este era elemento fundamental para promover la inversión privada y la competencia en el sector.

En esos términos CANTV quedó como concesionario de los servicios básicos de telecomunicaciones, pasando así del monopolio público al monopolio privado por diez años, con la idea de lograr mayor eficiencia y alcanzar un mayor desarrollo en las redes y servicios; la inversión privada se convertía en el actor fundamental en la prestación de todos los servicios (telefonía fija, pagging, telefonía móvil, servicios portadores, valor agregado y televisión por suscripción) y el Estado pasaba a ser planificador, supervisor y un garante de la competencia y las condiciones de mercado.

En cuanto a la democratización del capital, esta quedó consagrada en 1996 cuando el veinte por ciento de las acciones de la CANTV que detentaba el Estado salieron por primera vez a la Bolsa de Valores, dando inicio a una exitosa política de ahorro e inversión que permitió a cualquier venezolano ingresar al complejo mundo bursátil adquiriendo las acciones de la empresa.

En la elaboración de los Anexos Técnicos tuve una participación que marcaría para siempre mi carrera. Fui sin proponérmelo uno de los actores en el diseño de una Política Publica que jugó un rol importante en la transformación del país, truncada por una mala apuesta por el golpe de Estado de 1992 y la posterior elección de su responsable como presidente de la Republica en 1998, a la postre convertida en una oportunidad perdida para Venezuela con terribles consecuencias.

El modelo de apertura del sector adoptado en Venezuela, junto con la creación de CONATEL fue replicado por varios países de la región, entre los que resaltan Perú y Ecuador. En este último país tuve la responsabilidad de trabajar en el diseño de la estrategia de tarifas y mejora de los servicios de cara a la fallida privatización de Pacifictel en el año 2000, uno de los dos operadores básicos escindidos de EMETEL.

Se podría concluir que la estructurada Política Pública de telecomunicaciones del año 1990 tuvo en sus memorias que en la licitación para escoger el operador internacional que debía gestionar a CANTV, el proceso fue tan exigente que llegó a descalificar a Telefónica de España por no cumplir con los estándares exigidos para operar a la empresa, episodio del que fui testigo y que esta narrado con lujo de detalles más adelante y que en sí mismo sirve para demostrarnos que en Venezuela es posible hacer las cosas de otra manera, que existe una Venezuela posible.

Lo consagrado en ese año dio como frutos los siguientes: un crecimiento en los servicios de telecomunicaciones y mejoras en su calidad en particular la telefonía móvil, que para el año 1999 ya había superado al fijo; una amplia variedad en los servicios de transmisión de datos y televisión por suscripción; la creación en algunas de nuestras más prestigiosas universidades, de escuelas de pregrados y postgrado de telecomunicaciones; doscientos mil pequeños accionistas de la CANTV y la concreción, con cierto retardo de la Ley Orgánica de Telecomunicaciones o LOTEL del año 2000, una ley que permitió al sector resistir los embates estatistas de los gobiernos de Hugo Chávez y Nicolas Maduro.

La LOTEL, es la expresión de una política pública donde la bidimensionalidad estuvo en equilibrio, de esa ley pueden decirse muchas cosas: es completa en cuanto a tratar de fomentar las inversiones en infraestructura, proteger los derechos de los usuarios y estimular la modernidad de las redes, pero exhibía fallas a la hora de promover la competencia en el lado del acceso y dejo por fuera aspectos clave como: la desagregación de los elementos de red para la creación de mercados mayoristas y minoristas. La ausencia de servicios mayoristas para generar mayor competencia en las llamadas de larga distancia nacional e internacional, Internet y valor agregado para asegurar la presencia de más jugadores.

En mi opinión el marcado apego a la «defensa de la infraestructura», excluyó de la LOTEL la definición de las «Facilidades Esenciales»[14], con los problemas que conlleva para la permanencia en el mercado de operadores de menor tamaño, en particular a la hora de contratar recursos para la interconexión entre redes u obtener nuevas capacidades, igualmente la falta de una «Regulación Asimétrica»[15], necesaria para garantizar competencia con el principal operador fijo o evitar los cuellos de botella del principal operador móvil, quedaron por fuera en la ley. Es muy probable que los hacedores de la LOTEL, asumiesen que en los mecanismos de consulta pública, que la propia ley establecía, se solventasen algunos de estos aspectos. Pese a estas críticas fue un excelente instrumento para sostener al sector y la inversión privada al menos hasta el 2007 cuando CANTV es renacionalizada.

---

[14] Las facilidades esenciales son insumos (bienes o servicios) ofrecidos de forma exclusiva por un monopolista, o por un número muy reducido de vendedores. Es decir, es difícil o imposible encontrar un producto sustituto de menor precio. En el ámbito de las telecomunicaciones es el acceso a la red de la empresa dominante (con mayor participación del mercado y/o con mayor antigüedad). Sin el acceso a estas redes, las compañías de telefonía e Internet no pueden ofrecer su servicio. A su vez, no pueden construir una red alternativa.

[15] Medida que pretende equilibrar las fuerzas de competencia de las empresas rivales en el mercado de la telefonía fija o móvil, es decir busca suavizar los efectos de red que juegan en favor de la empresa con mayor cuota de mercado. También busca acelerar la entrada al mercado de nuevas empresas

Personalmente creo que al tratar de generar una ley consensuada que premiara solo a la infraestructura de la red por encima de la competencia en el lado del acceso se tradujo en menor cantidad de competidores, sin contar que hacedores de la ley jamás se pasearon por el hecho de que la telefónica nacional podía volver a manos del Estado y la LOTEL terminaría favoreciéndola. A decir del viejo adagio chino «Donde es más hondo el río, hace menos ruido».

Hoy nos encontramos ante una realidad el Estado retomó su rol de operador y regulador; la obligación universal comenzó a ser sustituida por el esfuerzo subsidiario en el acceso todo un error ya que introdujo grandes ineficiencias que se reflejan en un Internet deficiente que tiene el país y una pérdida en la competitividad.

La disyuntiva hoy es como replantearnos la política pública de telecomunicaciones para hacer crecer al sector y generar impactos positivos en el país. Si bien es cierto que se pueden argumentar diferencias culturales, históricas, políticas, sociales y económicas por ejemplo con Estados Unidos y Reino Unido a la hora de hablar del diseño de políticas públicas y de cómo en ellas participan los grupos de presión a la hora de su elaboración, no es menos cierto que en materia sectorial el análisis de las políticas públicas ha sido prometedor en Venezuela, en particular durante los primeros cuarenta años de nuestra democracia.

Retomar la participación de todos los actores en la construcción de un sector de telecomunicaciones moderno alineado con el diseño de una Agenda Digital[16], requerirá recuperar la senda perdida en el año 1998 cuando el camino transitado en materia de continuidad administrativa sufrió una ruptura.

El ejercicio político, llevado adelante el fallecido presidente Chávez, de construir una nueva hegemonía política tal como él la denominó rompió parte importante de nuestra memoria histórica, algo que precisamos recuperar para tener referencia solo espero que este libro ayude en ello.

---

[16] Es la hoja de ruta de un país para aprovechar las tecnologías de información y comunicación TIC) en la relación del Estado con la ciudadanía y las empresas, la Economía Digital, y el avance de la Conectividad del país.

La llegada del teléfono a Venezuela

El invento del teléfono alcanza a Venezuela a finales de 1881, y lo hace de la mano Gerardo Borges, un telegrafista venezolano que participó en el Primer Congreso Mundial de Electricidad y Telegrafía en Francia y en su equipaje trae el innovador invento[17].

En 1882 se hicieron las primeras pruebas interconectando a Caracas y La Guaira, usando la red telegráfica que había desplegado el gobierno del General Guzmán Blanco[18], reconstruida por su gobierno después de haber quedado completamente destruida como consecuencia de la Guerra Federal[19] y sin indemnizar a la compañía inglesa que la operaba.

---

[17] Spirito Fernando, Las telecomunicaciones en Venezuela: los primeros pasos (1883-1946), Venezuela Analítica 2005, página 16

[18] Fue un militar, estadista, caudillo, diplomático, abogado y político venezolano, general durante la Guerra Federal, se desempeñó como Vicepresidente de la Republica y Ministro de varias carteras, antes de ser Presidente de Venezuela en tres ocasiones (1870-1877, 1879-1884, y 1886-1888). Apodado «El Ilustre Americano» es considerado, en la historiografía venezolana, como el ejemplo del autócrata Ilustrado. Como gobernante promovió importantes cambios. Venezuela en materia económica, educativa y política, pero fue personalista y despótico en el ejercicio del poder.

Su permanencia como presidente del país durante tres períodos que suman casi 14 años se complementó con 6 años de «gobiernos elegidos por él» Francisco Linares Alcántara (1877-1878), José Gregorio Valera (1878), Joaquín Crespo (1884-1886) y Hermógenes López (1887-1888). Estas dos décadas son conocidas en como el «guzmanato» o «hegemonía guzmancista».

[19] La Guerra Federal, también conocida como Guerra de los Cinco Años, fue el enfrentamiento militar entre tendencias conservadoras y liberales en la Venezuela del siglo XIX. Los conservadores se oponían a modificar el orden social establecido luego de la guerra de independencia de Venezuela, incluyendo entre otras cosas el sistema electoral. Por su parte los liberales, proclamaban los ideales de libertad e igualdad y eran conocidos con el nombre de «federalistas»

Por tanto nuestro sistema de telefonía nació en el marco de las políticas del presidente Guzmán Blanco, «El Ilustre Americano»[20], por cierto creador de dos de nuestros grandes cultos históricos. El primero de ellos a Simón Bolívar, «el Padre de la Patria y Libertador de América» y el segundo a Ezequiel Zamora, también conocido como «El general del pueblo soberano» cuyo talento militar destacó en la batalla que definiría rumbo de la Guerra Federal, la Batalla de Santa Inés[21].

Al hacerlo procuró establecer una suerte de vínculo providencial con ambos proceres. En el caso del libertador el vínculo vino derivado de sus progenitores, su madre Carlota Blanco Jerez de Aristeguieta había sido criada por la familia Bolívar y en cierta manera estaba emparentada con ellos; en el caso de su padre Antonio Leocadio Guzmán a lo largo de su vida se esforzó por establecer que había sido edecán y secretario privado de Simón Bolívar tal y como hace constar en carta enviada al ministro de relaciones exteriores de España en 1872[22] y así lo se establece el historiado

---

ya que el federalismo y la autonomía de las provincias eran sus reivindicaciones principales

[20]Se le bautizó de esta manera por ser el más grande ejemplo o representación del "Autócrata Ilustrado", preocupado en promover cierto progreso en Venezuela, se le consideraba un hombre culto y preparado cultural, pero siempre concentrando el poder en su persona.

[21] Batalla de Santa Inés, librada el 10 de diciembre de 1859, representa una de las acciones militares más importantes de la Guerra Federal; en ella triunfaron los federalistas al mando del general Ezequiel Zamora.

[22] "Casi imberbe me uní al Libertador Bolívar, me quiso como a un padre: fui Secretario privado de 20 años de edad, y su Secretario General a los 22, cuando

Rogelio Altez en el capítulo «Moderna limpieza de sangre» de su biografía y cito: «Muy tarde ya en el siglo XIX, Antonio Leocadio Guzmán encontró la oportunidad de sentirse con suficiente abolengo y estirpe como para reclamar el honor de su ascendencia. Se construyó su propio linaje a partir de hechos que, probablemente, fueron tan cotidianos como dramáticos allá en los años de la guerra. Fabricó la casta de los Guzmán y se alineó al lado de los próceres, en un lugar que ocupó mientras pudo».[23]

Guzmán Blanco hizo suyo ese relato familiar y lo extendió a Zamora a quien conoció en la Guerra Federal llegando a afirmar que había sido su edecán. Paréntesis que hago para traer del pasado episodios cargados de cierto misticismo y religiosidad de los cuales también abusó el fallecido presidente Chávez y su apropiación de la figura del libertador como objeto de culto laico y el establecimiento de una relación «mágica» con un personaje llamado Maisanta al que bautizó como «El último hombre a caballo», su abuelo materno y miembro de las ultimas montoneras que quedaban en Venezuela a comienzos del siglo XX.

Retomando la materia de telecomunicaciones, en 1883 el gobierno de Guzmán Blanco autorizó a la «ITC» Intercontinental

---

Bolívar era el Jefe Supremo desde Caracas hasta las riberas del Río de la Plata." Guzmán, Antonio Leocadio (1872). "Carta al Ministro de Relaciones Exteriores de España con fecha 23 de septiembre de 1872", publicada en La Opinión Nacional, N.º 934, y citada en Vicente Dávila (1955). Investigaciones históricas. Imprenta del Colegio "Don Bosco", Quito, Ecuador, pagina. 179.

[23] Biblioteca Biográfica de Venezuela, Antonio Leocadio Guzmán, C.A Editora El Nacional, 2010 Bicentenario de la Independencia de Venezuela, pagina 31.

Telephone Company of New Jersey[24] a operar en el país, de esta manera se instalaron las primeras líneas telefónicas en el Litoral Central de Venezuela conectando a Maiquetía, La Guaira y Macuto, para darle inicio a la expansión de la red telefónica por el territorio nacional.

Vale menciona que en ese momento no existía un régimen de concesiones para los servicios de telecomunicaciones como el surgido en 1940, pero empieza a ser evidente la importancia que el Estado le da a estos servicios.

En 1884 el Ministerio de Hacienda adquiere catorce aparatos para sus dependencias y en el contrato firmado entre el gobierno y el representante de ITC, James Derrom[25], se establece la primera obligación regulatoria de expansión de red de telecomunicaciones de la cual se tiene registro: «El servicio debía comenzar a prestarse en Caracas en un plazo de dos meses, y en el interior de la república, en un lapso de tres años siempre y cuando existiese una demanda superior a los cincuenta suscriptores permanentes».

A cambio, la compañía obtuvo derechos monopólicos de operación por quince años. Lo que igualmente podría ser considerado como la primera licencia de operación otorgada en Venezuela. En consecuencia, al momento de escribir este libro podemos

---

[24] Spirito Fernando, Las telecomunicaciones en Venezuela: los primeros pasos (1883-1946), Venezuela Analítica 2005, página 16
[25] Spirito Fernando, Las telecomunicaciones en Venezuela: los primeros pasos (1883-1946), Venezuela Analítica 2005, página 16

afirmar que se cumplen ciento treinta y siete años del primer régimen de regulatorio de telecomunicaciones del país.

El aviso de publicidad del servicio, según reseña, el escritor e historiador Fernando Spiritto en su trabajo «Las telecomunicaciones en Venezuela: los primeros pasos (1883-1946)», anunciaba lo siguiente: *«comunicación instantánea entre oficinas, almacenes y residencias»*.

El costo de suscripción al servicio, según refiere el mencionado trabajo era, en la ciudad de Caracas de veintiséis bolívares, algo equivalente a seiscientos dólares actuales, mientras que los precios para el interior del país variaban de acuerdo con la distancia.

Para 1890 la compañía inglesa «The Telephone and Electrical Appliance Company»[26], compró las operaciones y derechos de explotación de la ITC, convirtiéndose de esta manera en el principal prestador del servicio con más de un mil cuatrocientos suscriptores distribuidos en las ciudades de La Guaira, Puerto Cabello, los Valles de Aragua y Caracas. Un mil trescientos de estos suscriptores estaban Caracas, dieciocho en La Guaira, y ciento nueve en Puerto Cabello.

Entre 1890 y 1929 se otorgaron numerosas licencias de operación en distintas regiones del país[27] y se repite en Venezuela la

---

[26] Spirito Fernando, Las telecomunicaciones en Venezuela: los primeros pasos (1883-1946), Venezuela Analítica 2005, página 17
[27] El Libro de la CANTV. Editorial Cromotip, 1973. P. 20.

misma historia de los Estados Unidos, un régimen liberal de mercado, con poca o ninguna regulación en cuanto a interconexión, con la diferencia de que en Venezuela se soslayó parte de la dificultad estableciéndose un modelo de tarifas planas, tal vez uno de los primeros modelos de «Bill and Keep»[28] en interconexión de redes usados en el mundo.

«Durante el mandato del General Juan Vicente Gómez[29] las empresas telefónicas proliferaron por todo el país. Esto se debió en

---

[28] «Bill and Keep» (BAK) o «Sender Keep all» (SKA) es un mecanismo que establece un valor de interconexión basado en una regla de reciprocidad que consiste en eliminar los precios de terminación entre operadores con redes interconectadas en dos vías. Esto implica que cada operadora asumirá el costo de prestar la interconexión. Cada operador factura las llamadas originadas en su red y retiene la parte correspondiente al cargo de terminación, el cual utiliza para cubrir el costo de sus llamadas entrantes.

Este método parte de la premisa en el que el tráfico de entrada y el de salida entre operadores está balanceado; es decir, que el tráfico originado en la red «A» hacia la red «B», es similar al tráfico generado por la red «B» y terminado en la red «A», equilibrando el pago. El modelo se distorsiona cuando existen redes con volumen de tráfico asimétrico, por lo que se han originado esquemas híbridos que mantienen parte del mecanismo de «quien llama paga», para recuperar el costo al por mayor cuando el tráfico no esté equilibrado. En el esquema de un BAK híbrido existe un cargo de interconexión, calculado en base a un método orientado a costos, para los excesos de tráfico de terminación, sin embargo, estos dejan de lado la simplicidad y facilidad de aplicación que el BAK ofrece.

[29] Juan Vicente Gómez (La Mulera, 1859 - Maracay, 1935) Político y militar venezolano, presidente de Venezuela entre 1908 y 1935. El 23 de mayo de 1899, las circunstancias fueron propicias para que se uniera a Cipriano Castro, en calidad de general y segundo jefe expedicionario, en su fructífero intento de tomar la plaza de Caracas bajo la bandera de la Revolución Liberal Restauradora. Su astucia y tenacidad en los eventos militares de 1901-1903 lo convirtieron en el pacificador de Venezuela.

El 27 de abril de 1910, el Congreso Nacional lo designó presidente constitucional para el período 1910-1914 y se mantuvo en el poder hasta su muerte. Su logro más notorio fue la conformación del Estado moderno en Venezuela, la eliminación de los caudillos criollos y la cancelación de las deudas gran parte a que todo hacendado o militar que necesitaba comunicarse rápidamente con sus haciendas o negocios, solicitaba una licencia y establecía su propia compañía de teléfonos, a veces con sólo dos o tres aparatos».[30]

La evolución de la telefonía en Venezuela no fue muy distinta a la experimentada en mercados más desarrollados, como el británico o el norteamericano. En el país pasamos, aunque con más lentitud, por tendidos de cables entre teléfonos hasta llegar a los conmutadores manuales soportados por operadoras y clavijas, el último de los cuales sobrevivió hasta el año 1992, en la población de Panaquire, Estado Miranda, que atendía a doce suscriptores y en lo personal me toco desincorporarlo como Gerente de la Red de CANTV, para darle servicio a aquella población a través de una central crossbar[31] de un mil líneas, modelo Hitachi C23SDE, parte de las obligaciones impuestas a la recién privatizada CANTV, en los Anexos Técnicos de su contrato de concesión, de los cuales hablaré en capitulo referente a la privatización de CANTV.

Como anécdota, hasta que se llevó a cabo esa transferencia los pocos usuarios que disfrutaban del servicio telefónico quedaban incomunicados a las seis de tarde y los fines de semana, cuando la

---

de la nación. Sus detractores lo llamaban «el bagre», apodo de los lugareños tachirenses.
[30] Spirito Fernando, Las telecomunicaciones en Venezuela: los primeros pasos (1883-1946), Venezuela Analítica 2005, página 17
[31] Central analógica de control común a relé y selectores electromagnéticos

señora que trabajaba como operaria o telefonista se retiraba a descansar a su casa.

Con la llegada de las primeras centrales automáticas, del tipo paso a paso, a comienzos de los años treinta del siglo XX e importadas por la concesionaria inglesa, fue que la red de telefonía empezó a crecer en Venezuela y a profesionalizarse la forma de operar y mantener la red. De hecho, la influencia inglesa en los procesos de trabajo de lo que sería a posteriori la CANTV quedo marcadamente como legado y estableció una ética de trabajo en el proceso de operación y mantenimiento de las centrales telefónicas de CANTV, también conocida como red de conmutación, que se mantuvo más allá de los noventa y que fue en sí misma una escuela para formar a técnicos y obreros en la empresa.

Hago un aparte, en mis años de aprendiz de técnicos en el Centro de Estudios de Telecomunicaciones de la CANTV, cuando aún existían centrales analógicas paso a paso[32] SIEMENS modelo AMD fabricadas por la empresa Siemens; STROWGER, fabricadas por Automatic Electric, modelos Pre-2000 y 2000 y AGF,

---

[32] En estos sistemas la actuación del abonado llamante en su aparato telefónico es la que comanda, paso a paso, los consecutivos elementos de selección que componen la central de conmutación. Este «control» lo hacía el abonado sobre su disco de marcar, o sobre pulsadores en las primeras versiones, enviando sobre su línea los sucesivos trenes de impulsos asociados a cada cifra o digito, del número identificativo al abonado llamado. Dichos impulsos se generaban con el retroceso del disco al liberarlo después de hacerlo girar previamente hasta el tope con mayor o menor recorrido, según el numero discado. Con cada digito marcado en el disco del teléfono se generaba en la central telefónica, un paso de selección en los equipos. También eran conocidas como centrales automáticas decádicas.

ALBIS A-16 y 5005, fabricadas por la sueca ERICSSON, los trabajos de ajustes de selectores, mediciones y tomas de permanentes[33], rutinas de limpieza en bancos de selectores y sistemas electrógenos, los procesos de supervisión y el llenado de cuadros estadísticos de tráfico seguían los rigurosos estándares dejados por los ingleses.

Las primeras centrales paso a paso, que llegaron al país, son las Strowger, inventadas y patentadas por Almon Strowger[34] dueño de una funeraria que, cansado de tener una línea de cada operador telefónico, para poder comunicarse con cada uno de sus clientes, le dio paso a la creatividad.

La primera de estas centrales empieza a operar en Caracas, en enero de 1928, cuando The Telephone and Electrical Appliances Company la instaló en su sede principal, situada en la esquina de La Gorda[35], que durante muchos años y hasta principio de los setenta sería la sede la CANTV, a la postre sustituida por el emblemático edificio NEA ubicado en la Avenida Libertador.

Dos años después la empresa inglesa fue adquirida por la recién fundada Compañía Anónima Nacional Teléfonos de

---

[33]Se refiere a los abonados que dejaban equipos de línea retenido bien porque estaban averiados o bien porque dejaban la bocina descolgada

[34] Almon Brown Strowger (11 de febrero de 1839 - 26 de mayo de 1902) fue un inventor estadounidense que dio su nombre al conmutador Strowger, una tecnología de central telefónica electromecánica que inspiró su invención y patente.

[35] Spirito Fernando, Las telecomunicaciones en Venezuela: los primeros pasos (1883-1946), Venezuela Analítica 2005, página 20

Venezuela. Una idea de cómo evolucionó el servicio lo reseña Spiritto en su trabajo y citó «en 1883 apenas existían en Caracas, cien suscriptores, cuatrocientos en 1888, un mil trecientos en 1890 y dos mil quinientos en 1912».

Todo esto ocurre a comienzos del siglo XX, sus primeras dos décadas, revisten a Venezuela de una profunda transformación política y social donde el teléfono jugaría un rol modernizador. Durante esos años, un país previamente disgregado y anarquizado se convierte en una autocracia centralizada bajo el mando de un caudillo poderoso que empieza a darle identidad al país, Juan Vicente Gómez, se podría decir que la Venezuela moderna nace bajo su gobierno, siendo además el responsable de acabar con el legado de revueltas montoneras y caudillistas que azotaron al país durante todo el siglo XIX.

La dispersión geográfica de recursos fiscales y fuerzas militares da paso a un control central monolítico sobre el poder económico y fiscal del Estado. Sobre esta base empiezan a configurarse en Venezuela los primeros regímenes de concesiones, resaltándose los que genera el notable venezolano Gumersindo Torres, Ministro de Fomento de Gómez, y padre de la primera Ley de Hidrocarburos que se desarrolla en el país.

Estos regímenes influenciaron todo el modelo de concesiones que desarrollaría el Estado venezolano durante gran parte del siglo XX, entre ellos el de telecomunicaciones consagrado en la Ley de Telecomunicaciones de 1940.

A partir del año 1928 se inicia un proceso de modernización de la red nacional de telefonía que se reforzaría con la llegada de las centrales paso a paso del tipo Siemens F-100, que arribarían a finales de la década de los treinta, vendidos por la empresa alemana Siemens. Como dato de estudio para las escuelas de negocio esta compañía a pesar de su longeva historia en el sector, su división de telecomunicaciones no sobrevivió a los embates de la convergencia que la industria empezó a experimentar con la llegada del siglo XXI.

Para 1930 llegaron al país los primeros sistemas de líneas abiertas o radios alámbricos para la transmisión de señales de radio analógico, con los que se esperaba atender la conectividad interurbana y que le darían inicio al sistema de telecomunicaciones que tuvimos hasta 1991, año en el que el proceso de apertura transformó por completo al sector venezolano.

«Entre 1912 y 1930 los usuarios de telefonía pasaron de dos mil quinientos a siete mil, lo que representa un crecimiento acumulado del ciento ochenta por ciento».[36] La subida en el número de clientes justificó el inicio de la sustitución de centrales manuales por centrales automáticas, debido a que esto representaba una importante la inversión la empresa inglesa, concesionaría del servicio, le estuvo solicitando al gobierno nacional, por intermedio del

---

[36] Spirito Fernando, Las telecomunicaciones en Venezuela: los primeros pasos (1883-1946), Venezuela Analítica 2005, página 21

Ministerio de Fomento desde 1927 y hasta 1930 un aumento de tarifas con el objeto de amortizar la inversión realizada.

El gobierno de Juan Vicente Gómez, a las puertas de una crisis económica que se traduciría en el endeudamiento de los agricultores, el desempleo generalizado y las protestas estudiantiles que desembocarían en el conflicto del año 28, protestas que por cierto dieron origen a la llamada Generación del 28[37], negó el aumento de tarifas.

El Ministro de Fomento le recordó a la empresa su condición de concesionaria y las atribuciones del gobierno nacional de «sujetar la expedición de tales permisos a una tarifa determinada según se haga el servicio permitido, cumpliendo el deber irrenunciable que tiene, como personero de la comunidad, de no abandonar nunca los intereses generales a merced de un interés privado».[38]

En 1930 el Ministerio de Fomento le otorgó a Félix Guerrero la concesión para la construcción de una red telefónica de alcance nacional. Posteriormente, Guerrero se asoció con Manuel Pérez Abascal y Alfredo Damirón y entre los tres fundan la CANTV, que se inicia comprando a distintas empresas que ya operaban el servicio de telefonía local en el país, entre ellas la The Telephone and

---

[37] Grupo estudiantes universitarios que protagonizaron en el carnaval caraqueño de 1928 un movimiento de carácter académico y estudiantil que derivó en un enfrentamiento con el régimen de Juan Vicente Gómez. De esa generación nacieron los modernos partidos en Venezuela.

[38] Spirito Fernando, Las telecomunicaciones en Venezuela: los primeros pasos (1883-1946), Venezuela Analítica 2005, página 22

Electrical Appliances Company, que ante la negativa del aumento de tarifas toma la decisión de vender sus activos y retirarse del país.

Esta compra da inicio a la CANTV que hoy conocemos, y ayuda a entender la fuerte cultura organizacional que siempre la ha rodeado, al menos mientras no fue la irreconocible empresa socialista que hoy tenemos.

CANTV se fue extendiendo a lo largo del país para prestar el servicio básico y de larga distancia nacional, que en sus inicios era ofertado sobre las líneas telegráficas para las comunicaciones nacionales, lo que a su vez es el origen de las líneas abiertas o sistemas de radio alámbricos.

Luego aparecerían las primeras llamadas de larga distancia nacional o LDN por sus siglas, efectuadas por transmisores de radio. Spiritto comenta que «los primeros sistemas estaban instalados entre Tapatapa y Santa Rita, estado Aragua, donde existían dos receptores de 10 KW cada uno».

En 1931 se inauguró el servicio de la larga distancia internacional también conocido LDI por sus siglas, prestado por el Ministerio de Fomento. El general Juan Vicente Gómez hizo la llamada inaugural a su embajador en Alemania. La única central de larga distancia del país se encontraba en Maracay, Estado Aragua y el que los sistemas de radio y la central de LDI, estuviese en esa ciudad, responde al hecho histórico de que el gobierno del General Gómez tuvo su asiento en las Delicias, Maracay, desde donde regía los destinos de Venezuela, cuando era considerado como el «Amo del Poder»[39].

El servicio de LDI se estableció con Estados Unidos, por lo que las comunicaciones con Europa se hacían a través de Nueva York. Para la época existían doce canales disponibles con esa ciudad y se hacían doscientas llamadas diarias con una tarifa de diez bolívares por minuto, algo así como dos dólares de la época. Las llamadas a Europa eran mucho más costosas.

La primera lista de tarifas estipulaba precios por minuto que iban desde ciento cincuenta bolívares para Alemania, ciento cincuenta y cuatro con cincuenta céntimos para Francia, ciento sesenta para Italia hasta ciento sesenta y cinco para Inglaterra y el Reino Unido.

Como dato histórico en la Constitución de 1914 se incorporó la potestad del Gobierno Nacional para regular el servicio telefónico, el artículo 79, ordinal 3 de la mencionada carta magna, facultaba al Presidente de la República para reglamentar todo lo relacionado con la materia, lo que puede ser considerado el origen formal de la intervención del Estado venezolano en esa área.

Durante el siglo XX nadie alcanzó a imaginarse que la telefonía fija, con semejante historia, dejaría de ser tan relevante para el desarrollo nacional y le daría paso a otros servicios como los datos, la telefonía móvil, Internet y la convergencia tecnológica.

---

[39] Nombre que le adjudicó el Político e Historiador Domingo Alberto Rangel en su hombre «Gómez el amo del poder»

El Centro de Estudios de Telecomunicaciones: una institución en cuatro etapas

En el libro «Venezuela, política y petróleo[40]», Rómulo Betancourt destacaba los esfuerzos de la Junta Revolucionaria de Gobierno, por fomentar el desarrollo de las redes de telecomunicaciones.

«Durante los tres años que duró el gobierno de Acción Democrática se invirtieron más de 18 millones de bolívares en la modernización de las redes de telefonía y telegrafía. Las oficinas de telégrafo se incrementaron a más del doble a las que había dejado el Gobierno de Medina Angarita. El gobierno nacional contrató con la compañía Ericsson la construcción de la primera red telefónica regional en el Estado Táchira y la ampliación de la red de comunicaciones de larga distancia nacional e internacional».

Debido a la importancia que para el llamado gobierno del trienio adeco[41] (1945-1948) tenían las telecomunicaciones, durante los tres años que estuvo Rómulo Betancourt en la presidencia, se creó el Ministerio de Comunicaciones, su segundo conductor es

---

[40] Venezuela, Política y Petróleo. Ensayo económico, político y social sobre el impacto del petróleo en nuestro país. Fue el primer intento serio de un demócrata venezolano por analizar las consecuencias políticas y económicas de ese recurso en Venezuela.

[41] Se refiere el periodo de gobierno comprendido entre 1945 y 1948, una etapa histórica que inaugura la democracia de Venezuela, representa el fin del gomecismo y el nacimiento de Acción Democrática, principal partido socialdemócrata del país, como primera fuerza política venezolana.

Leonardo Ruiz Pineda[42] y «*se agregan con carácter de oficinas complementarias el Departamento de Ingeniería, a cuyo cargo estarían la confección de proyectos, la Escuela de Telecomunicaciones, la Oficina de Control y vigilancia de la Radiodifusión y la formalización de los cursos para locutores.*»

I Etapa: EL CETT de la mano de la UIT[43]

La Escuela de Telecomunicaciones es el origen de lo que posteriormente sería el CETT o Centro de Estudios para Técnicos de Telecomunicaciones y luego CET o Centro de Estudios de Telecomunicaciones. Con el retorno de la democracia, en el quinquenio que preside Rómulo Betancourt (1958-1963) empiezan los procesos de formación para el sector.

En el año 1962, el ejecutivo nacional solicita al Fondo Especial de las Naciones Unidas una ayuda para la creación del «CETT» Centro de Estudios para Técnicos de Telecomunicaciones, aporte que se concreta en 1964, con la firma del Plan de Operaciones

---

[42] Leonardo Ruiz Pineda, fue un abogado y político venezolano, uno de los fundadores del partido Acción Democrática, su Secretario General y máximo dirigente de la resistencia clandestina socialdemócrata entre 1949 y 1952, contra la dictadura militar de Marcos Pérez Jiménez. Deseo destacar estos nombres porque son valores referentes para la democracia venezolana, y para el modelo de convivencia política que disfrutamos hasta finales de los 90, cuando la figura de Hugo Chávez y su revolución emergen en el país y trastocan el pacto de elites que le daban estabilidad institucional y política a la nación.
[43] Unión Internacional de Telecomunicaciones.

suscrito entre el Ministerio de Comunicaciones, el Subsecretario General de la UIT y representantes del PNUD[44].

El fundador del CETT, es el Jefe de Misión del PNUD, Jan Deketh, uno de los asesores más interesados en el desarrollo de la institución, de la cual fue profesor y cuyo nombre lleva el principal edificio del centro educativo, por cierto, una persona muy querida y recordada en la institución.

El CETT junto con el Plan de Operaciones firmado con la UIT, fueron los primeros de su tipo en países considerados en vías de desarrollo y habla del gran acuerdo político nacional con el que nació nuestra democracia para impulsar el desarrollo nacional.

Para mediados de los setenta, en el quinquenio que preside Carlos Andrés Pérez (1973-1978), dentro del V Plan de la Nación, (1974-1979), se desarrolla un agresivo programa de expansión y modernización de planta, que es contratado con las empresas Ericsson, Pentaconta ITT[45] y Hitachi. Se construye infraestructura física y edificaciones para albergar a equipamientos de centrales telefónicas con capacidad para veinte mil líneas; se despliega toda una extensa red nacional de acceso local de planta externa en cobre y

---

[44] Programa de las Naciones Unidas para el Desarrollo.
[45] ITT ganó la Licitación conocida como TL-2 con el sistema Pentaconta 1000C, fabricado por Standard Eléctrica S. A. (SESA) de España y Bell Telephone Mfg. Co. (BTM) de Bélgica. Uno de sus problemas era que los componentes no eran intercambiables entre sí. Ericsson continuaba ejecutando el contrato CJ-70 y en 1974 firmó otro contrato que pudiera considerarse como una extensión del anterior

se desarrolla y construye la red nacional de radios analógicos, para darle cobertura de telecomunicaciones a todo el territorio nacional.

Las telecomunicaciones crecen durante este quinquenio a tasas del diecisiete por ciento anual, cifras que solo se volverían a ver a partir del año 1992 con la apertura del sector y la privatización de CANTV, ocurrida por cierto durante el segundo gobierno del presidente Carlos Andrés Pérez. Estos niveles de crecimiento se mantendrían más o menos estable hasta el año 2007 cuando ocurre la renacionalización de la compañía de teléfonos y comienza el declive del sector en Venezuela.

II etapa: El CETT el esplendor de la década de los setenta

Durante el quinquenio 1973-1978, el CETT es redimensionado e insertado en el Plan Nacional de Capacitación del INCE[46]y pasa a llamarse CET[47], sus aéreas de estudio son: Conmutación, Energía, Planta Externa y Transmisión.

Para los aprendices a técnicos se diseña un curso de adiestramiento profesional de dos años de duración; para los técnicos medios y bachilleres industriales, uno de nueve meses y para los Ingenieros un plan de formación de tres meses estos últimos solo en las aéreas de conmutación y transmisión. El objetivo era capacitar a los técnicos e ingenieros que requería el sector de telecomunicaciones del país. Si algo tuvo el primer gobierno de Carlos Andrés

---

[46] Instituto Nacional de Capacitación Educativa
[47] Centro de Estudios de Telecomunicaciones

Pérez fue su esfuerzo por preparar al talento humano en todos los niveles, no solo fue el INCE y sus programas de capacitación en distintas áreas sino e esfuerzo por enviar a más de cincuenta mil jóvenes a estudiar a las mejores universidades del mundo

Los cursos y adiestramientos técnicos permitían formar aprendices cuyas edades oscilaban entre los catorce y diecisiete años, ingresando con un nivel educativo de segundo año. En mi caso personal soy egresado de la primera promoción de auxiliares técnicos del área de conmutación en la especialidad de centrales Hitachi de control común, modelo C23SDE.

Adicionalmente durante esos años el CET alineado con la CANTV crea «El Plan de Carrera del Técnico» lo cual comprometía a la empresa a capacitar a todos sus técnicos cada dos años, en una cantidad equivalente de adiestramiento técnico de dieciseises a veinte semanas o seiscientas veinte a ochocientas horas de formación; por su parte los técnicos para poder ser ascendidos o recibir un incremento salarial se obligaban a recibir, y aprobar, esta formación de especialización en las distintas áreas de la empresa, a saber conmutación, energía y planta externa.

Cumplidas con éxito cada una de las etapas de capacitación del Plan de Carrera Técnica, el egresado obtenía suficiente acreditación académica para pasar a un siguiente nivel hasta recibir una certificación oficial por parte del ente gubernamental del sector. Las especializaciones de estudios se denominaban: Tecon para los técnicos en conmutación; Tepex para los técnicos en planta externa y Tetra para transmisión.

Las fases de estudios del Tecon, Tepex o Tetra, iban del I al III al tercer nivel y al alcanzarlo se recibía el título de Técnico en Telecomunicaciones, en la respectiva mención, expedido por el Ministerio de Transporte y Comunicaciones.

Este plan lo puedo ilustrar con mi carrera. En el año 1984 recibí de manos del ministro de transporte y comunicaciones el Título de Técnico en Telecomunicaciones en la especialidad de Conmutación, lo que acreditaba que desde 1976 hasta 1983 había cumplido con los niveles de estudio (unas seis mil horas de formación) y alcanzado la experiencia profesional requerida para optar a este título. De ahí en adelante se seguía con el programa INTEL[48], que se introdujo en los años 80.

Durante los años setenta y hasta el conflicto de ingenieros de 1981[49], que afectó considerablemente al CET y paralizó a la CANTV, al dejarla sin ingeniería y capacidad de planeación de largo plazo, destacó como director del centro el ingeniero José Suez Gutiérrez, quien hizo de esa institución la mejor de su tipo en

---

[48] Programa para formar Ingenieros de Telecomunicaciones, donde la experiencia laboral eran parte de los créditos educativos.
[49] Conflicto profesional por el respeto a la meritocracia que desembocó en el despido de más de cuatrocientos profesionales de la ingeniería. El presidente de la CANTV en ese momento era Nerio Neri Mago.

América Latina. Su trabajo fue reconocido por centros de formación como el INICTEL[50] de Perú.

Bajo la administración de Suez, el CET implementó en sus laboratorios las maquetas técnicas, suerte de centrales telefónicas para entrenamiento, muy similares al escenario real donde los técnicos posteriormente iríamos a trabajar. Al plan de formación lo complementaba un periodo de pasantías en las centrales telefónicas, que era evaluado y supervisado por el equipo de instructores del CET, el INCE y los respectivos jefes de las centrales telefónicas, los tutores industriales del proceso.

En mi pasantía en la Central telefónica de Maderero, tuve una vivencia personal que deseo compartir. El nodo de conmutación de Maderero era una de las centrales más importantes de Caracas y además servía como central tándem o de tránsito para el resto de las centrales telefónicas del centro y oeste de la ciudad.

Al ser un sistema paso a paso o de primera generación, sus selectores y equipos de conmutación avanzaban con cada digito marcado en el disco dactilar. Lo que hacía que para identificar a un número que llamaba era necesario recorrer la llamada entre los bastidores de la central y esperar a que la conversación se mantuviese lo suficiente para poder retener los selectores en cada paso de selección y de esta manera poder identificar el numero llamado. Esto solo se realizaba a solicitud de la policía con la orden de un juez,

---

[50] Instituto Nacional de Investigación y Capacitación en Telecomunicaciones, del Perú

cuando por ejemplo de llevaba a cabo un secuestro y era necesario saber desde donde llamaban quienes pedían un rescate. Era un proceso engorroso.

Como pasante me tocó vivir la experiencia del secuestro de Williams Frank Niehous[51], cuando a solicitud de la policía política, fue necesario identificar el número de teléfono desde el cual sus supuestos captores hacían exigencias para ponerlo en libertad. Hoy al ver lo simple que es identificar una llamada en un Smartphone solo puedo reírme del episodio, pero nos da una idea de los cambios que ha experimentado nuestra industria y cuan grandes son los desafíos para los nuevos profesionales del sector.

Siguiendo con el plan de formación que lideraba el CET, la CANTV igualmente se aseguró que en los planes de adquisición de planta, firmados en los setentas, con los proveedores de tecnología Ericsson, Hitachi e ITT incluyesen cursos de entrenamiento en las fábricas y laboratorios de las empresa, lo cual permitió que muchos de nosotros tuviésemos la oportunidad de ir al extranjero a capacitarnos, previo al cumplimiento de ciertos pasos en la formación tal y como lo establecían los contratos de adquisición de planta.

---

[51] Empresario estadounidense y presidente de Owens-Illinois en Venezuela que fue secuestrado en 1976 por grupos de izquierda. Su secuestro es el más largo en la historia política de Venezuela, con una duración de tres años y cuatro meses. Algunos personeros del actual gobierno venezolanos estuvieron vinculados a ese secuestro.

Las décadas del sesenta y setenta no solo hicieron del CET uno de los mejores centros de capacitación mundial en las telecomunicaciones, sino que hasta el comienzo de los ochenta la institución dejó una prueba evidente de que sus planes de capacitación estaban alineados con la estrategia del Estado en materia de política sectorial. En Venezuela hacíamos las cosas bien.

III etapa: El mundo digital está entrando a la red y CANTV no está preparada

Entre 1981 y 1983 el CET baja el ritmo de capacitación de aprendices y técnicos y se focalizan en los cursos INTEL para compensar la pérdida de ingenieros que exhibía CANTV, en particular luego del conflicto de Ingenieros de 1981 y que significó la renuncia y despido de cuatrocientos de estos profesionales. Para egresar del programa INTEL se requería tener el nivel Tecon III o Tetra III, realizar una formación adicional de tres años en el centro y de estudios un año adicional en el IUPFAN[52].

Con el cambio de gobierno, Jaime Lusinchi (1983-1988), la estrategia de formación cambió por completo: el programa INTEL fue paralizado en 1984, del mismo solo logran egresar cuatro ingenieros. El resto de los participantes, cerca de ochenta personas, quedaríamos «en el aire» y casi una década después se nos daría la oportunidad de ser becados en el mismo IUPFAN o ir a los Estados

---

[52] Instituto Universitario Politécnico de las Fuerzas Armadas.

Unidos para terminar el año faltante. Este último sería mi caso, pese a ello había pasado tanto tiempo un número importante de técnicos, cerca de setenta personas, optó por no continuar.

El INTEL fue sustituido por dos programas: el ATI «Adiestramiento Técnico para Ingenieros» que duraba seis meses y una formación para Técnicos Superiores en Electrónica y Telecomunicaciones de un año de duración. En este punto la empresa había tomado la decisión de incorporar en sus programas de formación solo a personas con un título universitario de Ingeniero o Técnico Superior Universitario y eliminar los programas de formación de aprendices. Honestamente considero fue un error, los oficios son necesarios para una sociedad.

Del programa ATI destaca la Ingeniera Mayra Narváez, quien llegaría a desempeñarse como Coordinadora Académica del CET y posteriormente sería la primera Directora/Fundadora de la Escuela de Telecomunicaciones de la UCAB, en mi opinión de las mejores del país e igualmente me atrevo a afirmar que ella ha sido la primera mujer en ostentar ambas distinciones.

El CET da un vuelco y empieza a focalizar su acción de capacitación y adiestramiento en los sistemas de conmutación y transmisión digital, algunos de los cuales empezaron a ser dictados en cooperación con el INICTEL del Perú. En lo personal soy egresado del *VII Programa de Ingeniería en Comunicaciones Digitales*, dictado en Lima en 1988.

A finales de los ochenta los cursos de formación empezaron a tener mucha inconsistencia en su calendario, pese a ello se implementaron las maquetas de entrenamiento digital y se incrementan los cursos de capacitación en las centrales digitales, Ericsson AXE10, Siemens ESWD sucesora de EWSA y NEAX-61E.

Con la privatización de CANTV y la posterior apertura del sector, un tema a debatir fue si el CET debía convertirse en una institución como el INICTEL, o por el contrario debía mantenerse dentro de la CANTV. La decisión final fue dejarlo en la empresa y de cara al futuro creo que fue de los pocos errores que cometimos en la privatización de la empresa. Ciertamente es fácil vislumbrarlo de cara al pasado y lo mencionó porque fui de los defensores de dejarlo en CANTV.

En 1992, ahora con una administración privada el recién nombrado presidente de la CANTV, Bruce Haddad potenciaría al CET para la formación de técnicos en la red digital. De esta manera se reforzaron y ampliaron sus maquetas y las mismas fueron rediseñadas para incorporarlas al centro de desarrollo y pruebas de software de las centrales digitales.

En lo sucesivo, cualquier cambio o actualización de software de la red pública digital de CANTV debía ser previamente ser probado y validado en las maquetas del CET.

IV etapa: El ocaso del CET en los tiempos de revolución

A partir de 1996, el CET va reduciendo progresivamente su actividad y muy en particular se vio muy afectada por el proceso de las «Cajas Felices»[53].

Con la puesta en vigencia de la LOTEL, se creó el CEDITEL[54], instancia dependiente de CONATEL[55] y en la que por cierto fui instructor de varios cursos. El CET comenzó a apagarse y el CEDITEL empezó a reemplazarlo aunque como centro de formación se orientó al dictado cursos profesionales sin conexión alguna entre ellos, sin un vínculo con un programa de formación o certificación alguna.

Y pongo el siguiente ejemplo: si una persona desea recibir un entrenamiento de VoIP [56] lo puede realizar en CEDITEL, en esa institución le darán una formación, en muchos casos genérica, pero ello no lo acreditara en algún tipo de oficio como en el pasado lo garantizaban el CET o el INCE y que permitían que un egresado de alguna de esas instituciones se convirtiese en un experto o técnico de alto nivel y saliese al mercado de trabajo, que no solo era

---

[53] Un proceso que inicio el Presidente de la CANTV Gustavo Roosen (1996-2007) para desincorporar empleados de la empresa, liquidándolos muy por encima de lo establecido por la ley del trabajo y la contratación colectiva. Entre 1998 y 2005 la gran mayoría de los instructores del CET se acogieron a estos planes de liquidación o jubilación prematura. La empresa aún era privada.
[54] Institución creada para diseñar y controlar la implementación de planes de desarrollo y actualización del recurso humano del sector de las Telecomunicaciones, a fin de contribuir a su fortalecimiento y desarrollo.
[55] Comisión Nacional de Telecomunicaciones
[56] Voz sobre IP

CANTV. Muchos técnicos fueron a la banca y la industria petrolera y otros a brindar servicios de mantenimiento a equipos de oficinas.

En Venezuela ese espacio fue cubierto por la empresa CISCO y su «Programa Cisco Academy Network»[57]. En la práctica un técnico o ingeniero comenzó a ser valorado en el mercado nacional, incluso por los entes del Estado, por las certificaciones CISCO que se han convertido en el sello distintivo de si tiene o no conocimientos técnicos del área de la infraestructura de telecomunicaciones. En la actualidad, una certificación CCNA[58] hace recordar las certificaciones Tecon, Tetra y Tepex, tan valoradas como ya mencioné por PDVSA[59] y la Banca en la década del setenta y ochenta.

Con la renacionalización de CANTV en 2007, el CET ha permanecido sin desarrollar mayores esfuerzos de capacitación. A partir de ese año y hasta la fecha de publicación del libro, los planes de carrera de la empresa tendrían como punto resaltante, tal y como lo reseñó el diario El Universal de Caracas, en su edición del 4 de Mayo del 2014, que «la mayor preocupación de algunos empleados, para poder lograr un ascenso, era responder correctamente a preguntas como: «¿Cuáles son las causas del desabastecimiento del

---

[57] Es un programa educativo sin ánimo de lucro, lo que no significa que no tenga costos, cuyo objetivo es contribuir a la preparación de estudiantes en el diseño, configuración y mantenimiento de redes orientadas a la tecnología IP.

[58] Cisco Certified Networking Associate: Es una de las certificaciones más importantes dentro de la industria de la Tecnología de la Información. Esta certificación representa el nivel asociado, orientada a habilidades prácticas en el diagnóstico y solución de problemas específicos de redes.

[59] Petróleos de Venezuela Sociedad Anónima.

país? ¿Cuáles son los tres programas más emblemáticos de Venezolana de Televisión[60]? ¿Cuáles son cuatro lugares del país dónde se dieron los alzamientos militares del 4F[61]? Nombre los comandantes de aquella insurrección, con Hugo Chávez de primero; mencione los nombres de algún ministro revolucionario, o explique el significado de siglas de instituciones del Estado», estas eran algunas de las sesenta interrogantes de la prueba de selección. Una evidencia del poco interés que exhibe el actual gobierno venezolano por el mérito profesional.

En 2014 CANTV envió un contingente de cincuenta instructores socialistas de telecomunicaciones, a formarse en China para relanzar el CET y darle relevo al sector. Nunca quedó del todo claro que ocurrió con ellos o incluso qué plan tenía el Estado a desarrollar con estos instructores, qué perseguíamos como país o cuál formación íbamos a desarrollar.

Hoy el Centro de Estudios de Telecomunicaciones, una institución a la que le debo mi oficio y mucha de mi formación, luego de veinte años de revolución luce moribundo, sin el prestigio del pasado y sin ninguna integración con universidades y centros educativos que forman profesionales en el sector. El gobierno nacional planea convertirla en institución universitaria esperaría que así

---

[60] Canal oficial del Estado Venezolano. Órgano de agitación y propaganda de la Revolución.
[61] Hace referencia al 4 de febrero de 1992. Intento fallido de Golpe de Estado de Chávez.

fuese, no estoy seguro de que ese sea el camino existiendo universidades que ya lo hacen.

De las tareas pendientes en la recuperación del país está la formación del talento humano áreas de conocimiento como la programación, el BigData, la Inteligencia Artificial, los sistemas de Cloud Computing, necesarias para el diseño de una Agenda Digital que inserté a Venezuela de nuevo en la modernidad.

1989: el año que Venezuela restructuró su sector de telecomunicaciones.

1989 es un año que para muchos marca el final de una era: la guerra fría llega a su fin, el modelo de mercado triunfa la sobre la economía de planificación centralizada, colapsa la Unión Soviética, la gran superpotencia socialista, asciende de modo incuestionable Estados Unidos como potencia, es el fin de las ideologías, el fracaso de la revolución proletaria y el triunfo de la democracia liberal y el libre mercado.

1989 tuvo tanto impacto en nuestras vidas que en Europa la social democracia europea empezó a hablar de la Tercera Vía[62] para darle formar al proyecto europeo. «Tanto mercado como sea posible tanto Estado como sea necesario». En la entrevista a Felipe González al final del libro la define como «Economía social de mercado»

¿Pero, qué pasó en el mundo en aquel año 1989?

En Paraguay, la eterna dictadura de Stroessner[63] llegaba a su fin; en Chile la oposición democrática derrotó en elecciones libres

---

[62] La tercera vía sugiere un sistema económico de economía mixta, y el centrismo o reformismo como ideología, con el propósito de promover la profundización de la democracia, enfatizar el desarrollo tecnológico, la educación y los mecanismos regulados de competencia, a fin de obtener el progreso, el desarrollo económico, el desarrollo social.

[63] Alfredo Stroessner Matiauda fue un militar, político y dictador paraguayo quien lideró su país como Presidente de la República bajo un Gobierno de facto

a la férrea dictadura de Augusto Pinochet; en el medio oriente el régimen de los Ayatolás enterraba a su líder, el Ayatola Jomeini[64], responsable del derrocamiento del Sha de Irán; en Asia el gigante chino, aun menospreciado económica y políticamente, ofrecía su lado más oscuro en la matanza de estudiantes de la Plaza de Tiananmén[65], donde miles de jóvenes se congregaron, sin el poder de las redes sociales, para exigir libertad algo inimaginable en la China Comunista; Praga vivía su «Revolución de Terciopelo[66]», iniciada tal vez en 1967 con el intento democrático de la «Primavera de Praga[67]», pospuesta por los tanques soviéticos durante veintidós años, hasta que en noviembre de 1989 la juventud checa logró el anhelado retorno a la democracia.

---

desde el 15 de agosto de 1954 hasta el 3 de febrero de 1989, cuando un golpe de estado lo derrocó para abrir el camino a la democracia.

[64] Ruhollah Musavi Jomeini fue un ayatolá iraní, líder político-espiritual de la Revolución islámica de 1979, que derrocó al último sah Mohammad Reza Pahleví, y líder supremo del país hasta su muerte.

[65] Las protestas de la plaza de Tiananmén de 1989, también conocidas como la masacre de Tiananmén, consistieron en una serie de manifestaciones lideradas por estudiantes chinos, que ocurrieron entre el 15 de abril y el 4 de junio de 1989, exigiendo libertades y criticando al régimen comunista por represivo y corrupto.

[66] movimiento pacífico por el cual el Partido Comunista de Checoslovaquia perdió el monopolio del poder político, que había mantenido durante 45 años.

[67] En 1968, esto se puso a prueba cuando el líder del Partido Comunista de Checoslovaquia, Alexander Dubček, lanzó un proyecto de liberalización que, en sus palabras, pretendía darle "una cara humana al socialismo".
El resultado fue el renacimiento de la libertad política y cultural que los dirigentes del partido leales a Moscú le habían negado por mucho tiempo al pueblo. Floreció la prensa libre, los artistas y escritores comenzaron a expresar sus ideas. Dubček causó alarma en Moscú cuando proclamó que quería crear "una sociedad libre, moderna y profundamente humana" y su gobierno fue derrocado con los tanques soviéticos.

Pero, sin dudas fue la caída del «Muro de Berlín» en noviembre de ese año, lo que, simbólicamente, inició el final de los regímenes del llamado Socialismo Real[68] y abrió las puertas a la desintegración de la Unión Soviética[69] dos años más tarde y le abriría el paso a una nueva realidad más abierta y a la vez más ambigua, donde la «aparente» e indiscutible supremacía norteamericana debía ahora aprender a manejarse con una serie de potencias emergentes de carácter regional.

A partir de 1989, y en un breve espacio de tiempo, la «Guerra Fría»[70] llegó a su fin y los regímenes autoritarios de los «países del Este»[71] fueron cayendo como un castillo de naipes. En países como Vietnam, India y China se producirían profundas reformas de tipo económico para liberalizar sus economías y salir de la pobreza. Solo Cuba y Corea del Norte se aferraron a aquel legado.

Lo que una vez fue la mayor potencia socialista y el más ambicioso ejercicio de socialismo real se desintegró sin uso alguno de la violencia. La falta de libertades públicas, la ausencia de

---

[68] Con este término se designó, durante la década de 1960, el tipo de socialismo imperante en la Unión Soviética y los países de la órbita soviética, incluyendo a Cuba, China y Corea del Norte.

[69] La Unión Soviética, oficialmente Unión de Repúblicas Socialistas Soviéticas, fue un Estado federal de repúblicas socialistas que existió de 1922 a 1991 en Eurasia y que nació como consecuencia de la revolución rusa del año 1919

[70] Enfrentamiento político, económico, social, ideológico, militar e informativo iniciado tras finalizar la Segunda Guerra Mundial entre el bloque Occidental liderado por los Estados Unidos, y el bloque del Este liderado por la Unión Soviética. Su crisis más emblemática fue la de los misiles en Cuba en 1962.

[71] Países del bloque comunista, miembros del Pacto de Varsovia, liderados por la URSS, Hungría, Alemania del Este, Rumania, Polonia y Checoslovaquia.

competitividad e innovación, la poca productividad y la brecha que generó la revolución informática, derrumbaron ese régimen. Si veinte años no son nada, como bien cantaba Gardel, setenta tampoco lo fueron, sobre todo para impedir que el sistema soviético se desplomase.

Y aunque parezca una mera ilusión todos estos acontecimientos están íntimamente conectados, pero su origen, el modo en que se relacionaron unos con otros, si fueron predecibles o verdaderamente inesperados, todavía hoy siguen siendo tema de controversia para historiadores, sociólogos y politólogos. La única verdad es que después de aquel año no volvimos a ser los mismos.

En materia de tecnología también pasaron cosas importantes: el británico Tim Berners-Lee publicaría su trabajo sobre la manera para acceder fácilmente a los archivos de computadores interconectados entre sí mientras trabajaban en la «CERN» Organización Europea para la Investigación Nuclear, dando origen a la forma de navegación que hoy tiene la web. Su característica más distintiva fue la posibilidad de hacer clic en los enlaces para abrir los archivos en los navegadores de las computadoras. Nacía la web tal como la conocemos y con ella el lenguaje de programación HTML.

Venezuela: año 1989

Comenzando el año y los pocos días de su juramentación como presidente, Carlos Andrés Pérez, debe enfrentar una ola de protestas en Caracas generadas por el aumento de la gasolina y que rápidamente se convirtieron en saqueos. El nuevo gobierno ve obligado a militarizar la ciudad capital.

El evento que pasó a ser conocido como el «Caracazo»[72] dejó como saldo oficial trescientos muertos, aunque algunas organizaciones defensoras de los derechos humanos han llegado a afirmar que la cifra fue muy superior. Pese al escollo el gobierno da pie a un gran programa de reformas conocido como «El Gran Viraje»[73] que entre sus transformaciones incluye restructurar el sector de telecomunicaciones en la Venezuela para abrirlo a la competencia y participación del sector privado.

Al comienzo de ese año CANTV se encontraba desplegando de modo masivo y con bastantes dificultades de inversión, cuatro proyectos iniciados en 1988, complementos a la instalación de líneas digitales del plan del «millón de líneas digitales o CTD-1»[74]. Estos proyectos eran: la telefonía móvil, desplegada con tecnología Ericsson; la telefonía rural para atender zonas fronterizas y

---

[72] El Caracazo fue una gran protesta social de los sectores populares urbanos de. Caracas el 27 y 28 de febrero de 1989.

[73] VIII Plan de la Nación que plantea una nueva estrategia económica para el país, que aspiraba el desarrollo de políticas económicas, fiscales, monetarias y sociales para, en un primer momento, estabilizar la economía y después impulsar una reestructuración económica mediante una economía de mercado que apoye el crecimiento económico articulado que insertase a Venezuela en el contexto mundial globalizado. Ello implicaba una apertura de la economía al exterior y el otorgamiento de un papel preponderante a las fuerzas del mercado en la conducción del proceso económico. Uno de los primeros sectores en ser liberalizado fue el de telecomunicaciones.

[74] plan de modernización y adquisición del millón de líneas digitales, a las empresas Siemens, Ericsson y NEC.

agropecuarias desarrollado con tecnología NEC; la red pública conmutada de transmisión de datos, bajo formato X25, conocida como VENEXPAQ, con tecnología Siemens para atender a la creciente demanda de conectividad del sector bancario y los «CAOM», Centros de Administración Operación y Mantenimiento de la Red para monitorizar la red digital adquirida en el proyecto CTD-1. Vale mencionar que estos proyectos entraron con cierto rezago tecnológico como consecuencia de la crisis económica por la que atravesó el país en los ochenta.

La empresa igualmente se encontraba instalando los primeros teléfonos monederos bidireccionales con tarjeta magnética y los Teletasa[75]; adicionalmente del «plan del millón de líneas» la empresa recibió ese año trescientas mil nuevas líneas de las que escasamente llegaron a instalarse menos la mitad, pese a la gran demanda insatisfecha que exhibía como empresa, debido a insuficiencias presupuestarias para la construcción de redes de planta externa. CANTV tenía las centrales telefónicas pero no la forma de llegar a los hogares. Esto es lo que se conoce como red de acceso o última línea. Por último los primeros sistemas de interconexión para las centrales telefónicas intra e interurbano, con el objeto de

---

[75] TELETASA un proyecto de telefonía compartida- que consistía en un teléfono convencional instalado sobre una repisa equipada con un display (tecnología Española) que mostraba al usuario el valor de la llamada desde el mismo momento en que la central pública comenzaba a enviar la señal de cómputo. La ventaja para el usuario, es que no necesitaba disponer de una tarjeta prepago o de monedas para depositar en la alcancía del aparato.

sustituir el cobre y los radios analógicos, basados en fibra óptica (Proyecto SIFO1) y radio digital urbano (Proyecto RD1) empezaban a instalarse.

En lo político alineado con el programa de gobierno el Gran Viraje se crea la «Comisión de para la Restructuración del Sector» y se diseña «el Programa de Restructuración del Sector Telecomunicaciones» que sería presentado al país al final de ese mismo año.

El programa estableció como su principal objetivo:

«garantizar el desarrollo armónico del sector telecomunicaciones para los próximos veinte años, de manera que el país pueda contar con los servicios que requerirá para su desarrollo, cultural, social y económico, esto se logrará mediante la organización y armonización de los roles de los diferentes actores que intervienen en las telecomunicaciones.»

Y contaba con cinco dimensiones:

1. *En operación y desarrollo del sector,* maximizar y potenciar el desarrollo del sector en lo referente a cobertura, calidad y la entrada de las mejores tecnologías disponibles, garantizar la cobertura social de los servicios, minimizar el papel del Estado en la prestación de los servicios y propiciar el profesionalismo y desarrollo del sector.

2. *En la administración del sector,* hacer énfasis en la eficiencia económica y de gestión de las telecomunicaciones, garantizando la reinversión adecuada y eliminando los

beneficios no razonables; garantizar la soberanía e integridad de las telecomunicaciones, sobre todo en casos de desastre o emergencia; maximizar el valor de los activos nacionales del sector, propiciar la participación accionaria de los interesados en sector nacional de telecomunicaciones, entre ellos trabajadores, usuarios y grupos regionales.

3. *En la apertura y regulación del sector*, propiciar la apertura del sector a las mejores tecnologías y prácticas de gestión nacional e internacional; propiciar el máximo nivel posible de competencia en cada uno de los servicios de manera leal mediante el uso de reglas claras; minimizar el uso de la regulación en los servicios garantizando el cumplimiento de la política y aplicarla cuando esta sea necesaria. Regular garantizando la independencia del regulador de la operación, con transparencia en las decisiones regulatorias y la consideración imparcial de los distintos intereses.

4. *En cuanto al proceso de restructuración*, buscar altos niveles de convergencia, fortalecer el proceso de restructuración dándole un marco programático y de institucionalidad y garantizar el proceso de apertura con total transparencia.

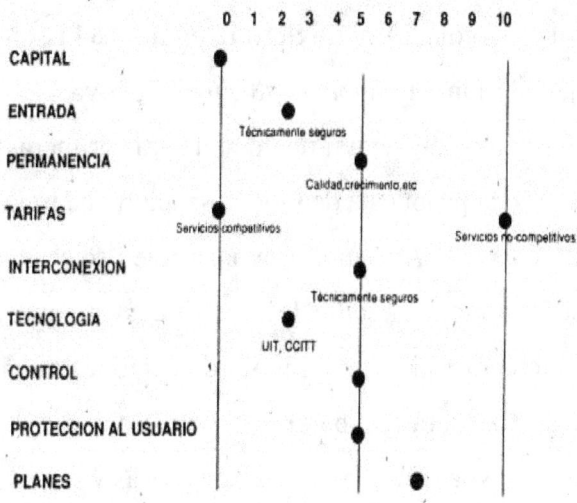

Mis vivencias del proceso

En 1989, luego de ocho años la «APU-CANTV» o Asociación de profesionales de la CANTV, desmembrada en el conflicto de ingenieros del año 1981, es reactivada y entre sus propuestas gremiales se plantea ayudar a sanear y reconstruir a la CANTV. Ese año hubo unas elecciones gremiales para escoger una nueva junta directiva y en lo personal resultaría electo como uno de sus vice-presidentes.

En paralelo Armando Loynaz Reveron fue nombrado presidente de CANTV y el «Grupo Restructurador de las Telecomunicaciones» tiene rostros y entre sus actores principales estarían: Fernando Martínez Motola, Roberto Smith Perera, Paul Esqueda, Juan de Dios Mijares, Manuel Sánchez y Miguel Génova.

Como asociación gremial una de nuestras primeras acciones fue vincularnos a la propuesta de modernización que traía el nuevo presidente de CANTV, Armando Loynaz, quien se enfocó más en el dialogo con los actores sindicales y políticos para reorganizar a la empresa que en atender un conjunto de acciones empresariales que eran necesarias para recuperar a la empresa como: la revisión de los planes de expansión, los ajustes de tarifas y retomar el régimen de concursos para la promoción dentro de la compañía para ascender a posiciones gerencial, lo que generó una ruptura entre nosotros como gremio y la alta gerencia de la empresa.

Siendo honesto en ese momento eran muchos los intereses en pugna contrarios a realizar cambios profundos en la telefónica nacional. Aspectos como: el clientelismo político, privilegios sindicales, la afectación a contratistas y proveedores de la empresa obstaculizaban cualquier intento de renovación gerencial o cambios profundos en la conducción de la empresa.

Los efectos no tardaron en producirse y nuevo conflicto salió estalló entre la APU-CANTV, con el Colegio de Ingenieros de Venezuela, y la CANTV. En esta ocasión era por hacer cumplir la nueva escala salarial para los ingenieros y hacer valer nuestra expectativa de retomar el régimen de concursos para optar a cargos de supervisión que imperó en CANTV hasta 1981. Para nosotros era un punto de honor recuperar la meritocracia que el conflicto de 1981 había eliminado.

De esta manera y sin proponérnoslo ese conflicto se convirtió en un detonante para que desde el gobierno nacional se acelerasen un conjunto de decisiones en torno al destino de la empresa, entre ellas que el presidente Pérez empezase a considerar la opción de privatizar de CANTV, algo de lo que no estaba convencido, y es la razón de la presencia de Armando Loynaz en la presidencia de una empresa de la que él había sido Gerente General en el primer gobierno de Pérez.

Para mediados de 1989 la existencia de posiciones divergentes en cuanto al rumbo que debía tomar CANTV se hicieron irreconciliables. Armando Loynaz pensaba que era posible reestructurar y modernizar la empresa y en CORDIPLAN pensaban que para aperturar el sector de telecomunicaciones de país era insuficiente modernizar a la CANTV, era necesario privatizarla.

A comienzos de1990, Roberto Smith Perera es nombrado Ministro de Transporte y Comunicaciones, Armando Loynaz deja la presidencia de la empresa y es designado Fernando Martínez Mottola, jefe del grupo restructurador del sector, como presidente.

Fernando llegó acompañado de un equipo gerencial conformado por los ingenieros Adolfo Torres, Tulio Mejías, Enzo Pitari, Paul Esqueda, Carlos Torres, Gustavo Maggi y Guillermo Olaizola, apoyados desde el Ministerio por Juan de Dios Mijares, que a la postre sería el primer director de CONATEL, Miguel Génova y Manuel Sánchez.

El nuevo presidente llegó con la clara idea de privatizar la CANTV y aquello dio inicio a un gran debate tanto dentro como fuera de la empresa, que en mi opinión ha sido de los más ricos que en su momento haya experimentado Venezuela y facilitó el diseño de una de las más exitosas políticas públicas sectoriales que hemos tenido, comparable a la del petróleo, por el gran consenso nacional que fue capaz de generar.

Como testigo de excepción confieso que uno de los mayores éxitos de Martínez Mottola fue convencer al propio presidente de la república Carlos Andrés Pérez, de que lo mejor para Venezuela era privatizar a CANTV. En lo personal considero, ya que tuve la oportunidad de conocerlos, y además trabajar con ambos presidentes, que con Armando Loynaz Reveron un excelente profesional e ingeniero hubiese sido imposible privatizar a la empresa, no estaba ganado para ello.

Y estar ganado significa, y usaré una anécdota del propio Martínez Mottola para ello, lo siguiente: Recién llegado a la empresa, Fernando se encontró con que la silla del presidente, en el uno de sus respaldares de cuero, estaba rota. En sus propias palabras se negó a repararla «para no tomarle cariño a la silla y a lo que esta representaba», lo que con seguridad generaría fuese más lento.

Con la llegada de Martínez Mottola nuestra postura como asociación profesional y gremial, al principio estuvo influenciada por académicos de la talla del profesor Antonio Pasquali[76], considerado como uno de los fundadores en América Latina del pensamiento de la comunicación de la Escuela de Fráncfort, representante de Venezuela ante la Unesco, Profesor de la UCV, fundador del «ININCO» y a quien Teodoro Petkoff[77] le escribió el prólogo «18 Ensayos sobre comunicaciones».

En una reunión en su casa coordinada, por intermedio del profesor Federico Álvarez[78], comunicador social y a la que

---

[76] Antonio Arnaldo Pasquali Greco (Rovato, (Brescia), 20 de junio de 1929-Reus (Tarragona), 5 de octubre de 2019) fue un comunicador social venezolano. Introdujo los estudios de comunicación social en América Latina e impulsó las teorías de la comunicación moderna basada en la ética. Asesor y consultor internacional en materia de comunicación y medios audiovisuales. Catedrático de la Universidad Central de Venezuela. Orientó su acción investigadora y formativa hacia el fenómeno de la comunicación y los medios. Fue el impulsor para la creación de los medios de comunicación públicos e independientes en Venezuela.

[77] Político, economista, guerrillero venezolano, dirigente y miembro fundador del partido Movimiento al Socialismo, al abandonar el Partido Comunista de Venezuela a principios de los años sesenta, Ministro de CORDIPLAN del segundo gobierno de Rafael Caldera, fundador del Diario Tal Cual, premio Ortega y Gasset para la Libertad de expresión y acérrimo enemigo del régimen de Hugo Chávez. Murió teniendo su casa por cárcel. En lo personal fue un amigo cercano a mi padre y en el año 2006 cuando participó en una suerte de primarias de la oposición para elegir el candidato que enfrentaría a Chávez ese año estuve involucrado en su precampaña.

[78] Periodista y Profesor Universidad Central de Venezuela. Fue Director de la Escuela de Comunicación Social en la máxima casa de estudios venezolana. Fundador de la Cátedra Periodismo Interpretativo. Miembro del Partido Comunista y un amigo de mi casa al igual que lo fue Teodoro Petkoff. Mi padre fue fundador de las primeras células del Partido Comunista en el Estado Falcon, lo que vinculó a sus dos hijos a ese partido. Mi hermano en ese año 1989 vivía en Praga y se había vinculado con la revolución de Terciopelo que derrumbó al

asistieron el cineasta Oscar Lucien y los directores de ININCO[79] y los profesores universitarios Elizabeth Safar, y Alfredo Chacón. Pasquali nos advirtió, «este es un proceso a nivel global, es indetenible y significa la muerte de las grandes "PTT"[80] tal como las conocemos y es un cambio drástico en la industria de la radio difusión, por tanto, lo mejor que pueden hacer como gremio es tratar de obtener las mejores condiciones para ustedes y para el país».

En lo personal después de la reunión salí con el convencimiento de que el profesor Pasquali tenía, como pocas personas en ese momento, una muy clara la visión del efecto político y social de la convergencia, concepto prácticamente inexistente en 1989 cuando el Internet estaba en pañales y en Europa se hablaba de las RDSI o Redes Digitales de Servicios Integrados, el principio de la convergencia, pero ya él lo visualizaba.

Del encuentro saldría el famoso comunicado de página completa publicado en el diario El Nacional, entre cuyos firmantes estaba toda la intelectualidad ligada al ININCO titulado «No a la privatización de CANTV.»

---

sistema comunista y yo me había vinculado a Acción Democrática al sector de Carlos Andrés Pérez. En cualquier caso la pluralidad democrática en la que vivíamos facilitaba el dialogo entre actores algo que perdimos con Chávez.

[79] Instituto de Investigaciones de la Comunicación es un espacio que agrupa a investigadores en el área de la comunicación social y estudios culturales en Latinoamérica. Está adscrito a la Facultad de Humanidades y Educación de la Universidad Central de Venezuela. Fundado en abril de 1974 bajo la tutela de Antonio Pasquali, sobre las bases del antiguo Instituto de Investigaciones de Prensa el cual fue creado en 1958.

[80] Post, Telegraph & Telephone.

El documento publicado en prensa pedía abrir el debate sobre el destino del sector y su empresa nacional. El documento permitió a que se abriese una reunión entre los directivos de la APU-CANTV y el nuevo presidente de la CANTV en la que participarnos además Fernando Martínez Mottola, Juan de Dios Mijares, Miguel Génova, Adolfo Torres, Paul Esqueda y Guillermo Olaizola por parte de la empresa y por la asociación gremial Sergio Jiménez, Winston Cabas, Emilio Campos y mi persona. De esa reunió surgió la oferta para que algunos profesionales de la empresa se involucrasen en proyecto de restructuración del sector y en la privatización de CANTV.

Por mi experiencia en el área de conmutación me involucré en los aspectos técnicos y operativos de la privatización. Lo que me permitió participar primero en la elaboración del pliego para la licitación internacional con el cual se escogería el operador que iba a gestionar CANTV y posteriormente en los Anexos Técnicos del «Contrato de Concesión» específicamente los referentes a la calidad de servicio y que involucraban entre otros, parámetros como mejoras en el tiempo de obtención del tono de discar; cumplimiento de objetivos en las llamadas efectivamente completadas tanto en el plano local, nacional como internacional y una reducción del tiempo de reparación de fallas.

Uno de los aspectos que el grupo restructurador trató de asegurar, desde el mismo comienzo, fue que la empresa fuese adquirida por un operador de talla internacional. En nosotros estaba latente la experiencia en la privatización de ENTEL en Chile, en la que un grupo minero y eléctrico se había hecho cargo del operador de telecomunicaciones y si bien la gestión interna había mejorado notablemente con la privatización, los resultados en materia de precios y calidad de servicio no habían sido los esperados, algo que conspiraba abiertamente contra el proceso y que sus detractores usaban como ejemplo.

Para facilitar la participación de conglomerados empresariales nacionales e incluso extranjeros, relacionados o no con el sector de telecomunicaciones, en los pliegos de calificación se estableció que «se permitía la conformación de consorcios nacionales o internacionales, siempre que estuviesen liderados por un operador de talla mundial con indicadores de calidad y expansión de planta certificados por el respectivo ente regulador del país de operación y unos indicadores de solvencia financiera, superiores a los utilizados en las valoraciones de Argentina y el Reino Unido».

La eliminación de Telefónica del proceso de licitación de CANTV.

En el proceso de precalificación participaron catorce empresas internacionales, una de las cuales fue Telefónica de España, empresa que a nivel de ingresos estaba considerada de las primeras de Europa, pero sus indicadores de calidad de servicio estaban por debajo de los operadores estadounidenses denominados «Baby

Bell[81]» o incluso empresas europeas como Bristish Telecom y Deutsche Telekom, adicionalmente en mucho de nosotros privó la idea de que al tratarse de una empresa estatal, sería difícil de sostener un proceso de privatización donde el responsable de la operación pasaba a ser un monopolio estatal de otro país.

Este evento seria reseñado por Ignacio Santillana, exdirectivo Telefónica, en un artículo de opinión publicado en el diario El País de España, el 08 de noviembre de 2015, titulado: «La internacionalización de Telefónica: reflexiones sobre un proceso» en el que el ejecutivo menciona lo siguiente: «Este proceso de expansión no estuvo exento de dificultades, como las derivadas del proceso de privatización de CANTV en Venezuela, donde Telefónica no pudo precalificar». Así las cosas bajos esas premisas no pudo continuar en el proceso.

Al momento de producirse su descalificación, desde el alto gobierno de España, que para el momento tenía a Felipe González como Jefe de Gobierno se generaron una serie de contactos con el gobernó venezolano, aspirando a que la decisión fuese

---

[81] Las Compañías Operativas Regionales de Bell, también conocidas como Baby Bell son el resultado de la demanda antimonopolio del Departamento de Justicia de los Estados Unidos contra la antigua American Telephone & Telegraph Company (más tarde conocida como AT&T Corp.). El 8 de enero de 1982, AT&T Corp. resolvió la demanda y acordó deshacerse de sus compañías operativas de servicios de cambio local. A partir del 1 de enero de 1984, las operaciones locales de AT&T Corp. se dividieron en siete compañías operativas regionales independientes Actualmente, tres compañías en EE.UU. tienen a las Baby Bell como predecesores: AT&T Inc; Verizon y Lumen Technologies, Inc.

reconsiderada. Deben tenerse presente dos aspectos: esta era la primera vez el operador español salía al ruedo internacional y aquella decisión tenía un impacto negativo tanto para la empresa en su plan de internalización como para presidente González, cuyo gobierno se encontraba en ese momento impulsando una serie de reformas para introducir a España en la economía global y entre Carlos Andrés Pérez y Felipe González, existía un vínculo de amistad, reflejado en la entrevista de cierre de este libro, y de afinidad ideológica al ser ambos de tendencia social demócrata y sus respectivos partidos miembros de la Internacional Socialista[82].

Al día siguiente del acto administrativo de descalificación del operador español, Martínez Mottola fue llamado por el presidente Pérez a su despacho para que le explicase las razones de aquella decisión. Antes de salir al encuentro con el presidente de la República, nos reunió a todos los miembros de su equipo en su oficina en CANTV y nos preguntó si estábamos seguros de la decisión que habíamos tomado. La respuesta fue unánime, «estamos seguros».

Con esa respuesta, antes de salir nos dijo: «le comunicaré al señor Presidente Republica que la decisión técnica de todo mi equipo ha sido descartar a Telefónica por no reunir todos los elementos exigidos», al tiempo que nos advirtió «si la decisión no es aceptada por el presidente Pérez, me veré obligado a renunciar».

---

[82] La Internacional Socialista es la organización mundial de partidos socialdemócratas, socialistas y laboristas. Actualmente agrupa a 132 partidos políticos y organizaciones de todos los continentes.

La reunión se llevaría a cabo a finales de la tarde y durante ese tiempo y parte de la noche permanecimos a la espera de lo que pudiese pasar. Finalizada la misma, en horas de la noche, Fernando nos contactó por teléfono para informarnos que el presidente Pérez solo le había preguntado: «¿Cuáles son las razones para no incluir a la empresa española en la subasta internacional?», a lo que Fernando respondió «la decisión del equipo técnico ha sido no incluirla entre los operadores clasificados por no reunir completamente los requisitos técnicos». Martínez Mottola igualmente relató que ante la respuesta el presidente Pérez solo se limitó a decir: «Si eso es lo que piensa el equipo técnico entonces sigamos adelante».

A *Telefónica de España* se le permitió participar en calidad de inversionista como parte del consorcio Venwolrd[83], liderado por la operadora de telecomunicaciones de Estados Unidos GTE.

Este episodio lo refiero como una de las muchas evidencias de lo transparente que fue ese proceso, para resaltar la condición democrática de los presidentes que tuvo Venezuela hasta el año 1998 y muy en particular para mostrar esta faceta del presidente Carlos Andrés Pérez a la postre un gran incomprendido. Su intento por transformar al país fue poco acompañada por muchas de las

---

[83] Venwolrd Telecom, C.A. consorcio formado por G.T.E. como operador con el 51% Telefónica Internacional con el 16% La Electricidad de Caracas 16%, Consorcio Inversionista Mercantil 12% y la empresa AT&T 5%.

fuerzas vivas y sectores políticos incluso de su propio partido, algo que hoy estamos pagando con creces.

Vale igualmente la pena resaltar que como parte de las actividades de la privatización, dentro de CANTV se organizó un «Data Room», o salón de datos, para que las empresas que quedasen precalificadas obtuviesen detalles e indicadores de la gestión y operación de la empresa. Una vez clasificados existía la obligación de suministrar datos sensibles acerca de la demanda insatisfecha, estado de la planta, potencial de mercado, índices financieros y cantidad de empleados por línea, entre otros indicadores.

Un factor clave para que este proceso se desarrollase de la forma cómo se llevó a cabo, fue el vencimiento de la concesión que le había sido otorgada a la empresa en el año 1961 y que vencía en 1991. El vencimiento y la necesidad de renovarla facilitaba la restructuración del sector, en otros términos, sobre todo para dar cabida a empresas nacionales o inversionistas extranjeros en servicios distintos a la telefonía como el transporte de datos, las radiocomunicaciones móviles, el trunking, pagging, la telefonía móvil, la televisión por suscripción y los servicios de valor agregado, los cuales la CANTV los tenía en exclusividad en su feneciente concesión.

El acuerdo nacional para la privatización de CANTV

Para hacer políticamente viable un proceso de tanta complejidad como la venta de un activo nacional considerado «estratégico», se adoptó como fórmula en la que el consorcio u operador que asumiese las riendas de CANTV, adquiriese solo el cuarenta por ciento de las acciones de la empresa, los trabajadores el once por ciento y el Estado el cuarenta y nueve por ciento restante.

La fórmula sacaba a la CANTV de las dificultades de operar un negocio tecnológico con todas las restricciones que implicaba tener al Estado de accionista, como por ejemplo los procedimientos de licitación y compra establecidos por la Contraloría General de la República. El Estado era mayoría, pero no detentaba el cincuenta y uno por ciento de las acciones lo que la sacaba de este entramado burocrático y su vez hacia mayoría con las acciones de los trabajadores.

Los porcentajes accionarios se dividieron en acciones del tipo «A» para el consorcio ganador; «B» el Estado; «C» los trabajadores y «D» aquellas participaciones que podían ser cotizadas en Bolsa de Valores de Caracas.

Como ya hemos mencionado unos de los objetivos de la privatización de activos del Estado era democratizar el capital, por lo que se esperaba que el Estado ofreciese parte de sus acciones al público. CANTV salió a la Bolsa de Valores en 1997 y desde la presentación del título en el mercado de valores hasta su renacionalización, su acción fue la mejor valorada por los inversionistas y corredores de bolsa.

Los escollos del proceso

La Privatización de CANTV tuvo entre sus más resaltantes detractores a políticos e intelectuales con posiciones conservadoras respecto al tema del Estado y las privatizaciones; actores políticos que actuaban en el movimiento «Antonio José de Sucre» del Colegio de Ingenieros de Venezuela, al cual pertenecía Jorge Giordani a la postre ministro de Cordiplan de Chávez y responsable de muchas de las políticas de reestatización y socialización de nuestra economía o que simplemente se beneficiaban del modelo clientelar establecido en el país y que abarcaba a todos los entes gubernamentales, entre ellos la CANTV; partidos políticos como la Causa R, el Comunista, sectores de AD, el MAS[84] y COPEI[85]; grupos empresariales beneficiados de las contrataciones con el Estado o con el régimen de control de cambio impuesto por el gobierno de Luis Herrera Campins (1978-1983) y mantenido por el de Jaime Lusinchi (1983-1988); los sindicatos y por supuesto el «invisible entramado de la corrupción interna».

Pero, me atrevo a afirmar que entre los muchos escollos que tuvo que vencer este proceso para concluir con éxito, el más difícil fue el vivido con José Guevara Chacón, un ingeniero que para la fecha era el Gerente de Región Capital[86] de la empresa, la posición

---

[84] Movimiento al Socialismo de Tendencia socialdemócrata.
[85] Comité de Organización Política Electoral Independiente, conocido como Partido Socialcristiano o Partido Verde por el color de sus identificativos.
[86] La Gerencia de Región Capital era la más importante de la empresa, no solo por ser la mitad de la planta sino por todas las actividades que estaban

más influyente después de la presidencia de la CANTV, y que por avatares de la vida a comienzos de la revolución de Chávez se le vinculó con la permanencia clandestina de Vladimiro Montesinos[87] en Venezuela prófugo de la justicia peruana.

Con apenas cuatro años en la empresa, a la que había ingresado como profesional de la Sección Adquisición de Planta, es promovido a Gerente de Región Capital, cargo que compartía con el de comisario de la DISIP[88] y que le valió el calificativo de «Rambito» en alusión a John Rambo el personaje interpretado por Stallone en el cine y del que se han hecho cuatro secuelas.

Guevara era una persona con fuertes vínculos con el sector que lideraba el expresidente de Jaime Lusinchi y su ministro de seguridad Octavio Lepage[89], dentro de AD. Y por supuesto su vínculo con Lepage lo puso en contactos con Orlando García[90], un

---

relacionadas con dicha gerencia, su relación con el alto gobierno y los partidos políticos. En la cultura clientelar era, después de la presidencia de CANTV, la posición donde las consideraciones políticas pesaban enormemente.

[87] Vladimiro Ilich Lenin Montesinos Torres es un exmilitar, abogado y político peruano. Fue asesor presidencial del expresidente peruano Alberto Fujimori entre 1990 y 2000. Prófugo de la justicia peruana, se refugió en Venezuela para evitar ir a prisión por los delitos de peculado y por abuso de poder.

[88] Cuerpo de Policía Política, Dirección de Prevención de los Servicios de Inteligencia Política.

[89] El gobierno de Carlos Andrés Pérez precede al de Jaime Lusinchi también de Acción Democrática, cada uno representaba un tendencia dentro del partido. De hecho Lusinchi, en las primarias de 1988 que debía escoger al candidato de AD había apoyado a Octavio Lepage frente a Pérez. Guevara era cercano a Lepage, había ingresado a CANTV durante el gobierno de Lusinchi y estaba claro que en su promoción a Gerente de Región Capital habían pesado estos vínculos políticos que tanto daño le han hecho al país.

[90] Asesor de Inteligencia y Seguridad del presidente Pérez, aunque de origen Cubano, fue cercano Rómulo Betancourt y cuando este estuvo exiliado en la

importante asesor de seguridad vinculado a Acción Democrática, a todos sus gobiernos y en particular a Carlos Andrés Pérez desde los tiempos del exilio de Rómulo Betancourt en la Habana.

Casi a partir de su llegada a la presidencia de CANTV, Fernando Martínez Mottola, encontró en José Guevara un enemigo declarado de la privatización, al principio las disconformidades eran sobre aspectos divergentes en cuanto al modelo de conducción de la empresa y su rol estratégico para la seguridad nacional, pero con el pasar del tiempo su influencia en poderosos sectores políticos y sindicales de AD se convirtieron en un obstáculo a vencer. En mi opinión sus motivaciones fueron más políticas y clientelares que otra cosa. No se trataba de un ingeniero de carrera sino de un político.

En julio de 1991, a escasos cuatro meses para realizar la subasta internacional, Guevara redactó una carta de términos muy duros contra Fernando Martínez Mottola y el equipo gerencial y de asesores que lo acompañaba, luego se encargó de recoger la firma de todos los jefes de departamento, superintendentes, jefes de sección, jefes de grupo y personal de confianza adscritos a su gerencia para respaldar aquella carta que al final contó con el aval de doscientos cuarenta y un profesionales de nivel supervisório y gerencial.

Habana, evitó que un atentado promovido por el dictador Trujillo en su contra se llevase a cabo. Se volvió cercano a Carlos Andrés del que fue asesor cuando fue ministro del Interior del gobierno de Betancourt (1958-1963).

La misiva fue enviada directamente al presidente Pérez, por la vía de Orlando García, cuya oficina se encontraba en el Palacio de Miraflores[91], muy cerca de la del presidente. Intuyo que la intención de enviarla por esta vía era la de hacer llegar el mensaje acompañado del punto de vista de una persona de entera confianza del presidente Pérez con el que Guevara mantenía contacto.

La carta, entre sus principales aspectos, asomaba la existencia de un conflicto en la telefónica nacional que solo era posible resolver con la salida de Fernando Martínez Mottola y su equipo de la dirección de la empresa, que de haber ocurrido a escaso meses de la subasta hubiese frenado por completo la privatización. Siete meses después, en febrero del año 1992, la democracia venezolana fue víctima del golpe de estado del «por ahora»[92] y con semejante clima de inestabilidad hubiese sido imposible privatizarla. Una experiencia similar me tocó vivir en Ecuador con el gobierno de Jamil Mahuad que ha escasos meses de la subasta de Andinatel y Pacifictel fue víctima del golpe de Estado del coronel Lucio Gutiérrez y el proceso se paró por completo. Por lo que es fácil concluir que la CANTV ni se hubiese privatizado ni el sector se hubiese aperturado en Venezuela.

Al momento de llegar la correspondencia a Miraflores, Orlando García se encontraba de viaje motivo por el cual le fue entregada directamente al presidente de la República. Casi de inmediato

---

[91] Sede del gobierno.
[92] Golpe de estado del 4 de febrero de Hugo Chávez.

Fernando fue llamado por el presidente Pérez quien en su particular estilo le preguntó: «¿Qué vaina es esta?» A lo que él respondió: «el mayor obstáculo que tiene la privatización de CANTV es este gerente, al que apoyan sectores importantes de AD[93] y FETRATEL[94], es necesario sacarlo». Pérez le respondió «yo me encargo de AD deshágase de esa persona»[95].

Fernando designaría Emilio Campos como nuevo Gerente de Región Capital y además me asignaría la responsabilidad de ir a trabajar con él, en una unidad adscrita a la Región Capital que desde el inicio del proceso habíamos intentado crear: Un centro para monitorizar y operar la red digital que incluía, centrales telefónicas y los sistemas de fibra óptica y radios urbanos, denominado CAOM[96].

Este episodio lo refiero como la Venezuela que necesitábamos cambiar y en la que sin ningún sentido nos hemos quedado

---

[93] Acción Democrática.
[94] Federación de Trabajadores de Telecomunicaciones de Venezuela, entre que agrupaba a los veinticuatro sindicatos de la empresa.
[95] Después de producirse la llamada del presidente, en horas de la tarde, Fernando nos convocó a una reunión urgente en su oficina en la que participamos Adolfo Torres, de quien me atrevo afirmar era su mano derecha, Guillermo Olaizola; Sergio Jiménez, Juan de Dios Mijares y mi persona, por lo que el relato es tomado casi textualmente de las palabras de Martínez Mottola. La reunión era para hacer control de daños ante la decisión tomada de sacar a Jose Guevara de la posición. Por consenso resultó electro un profesional con diez años en la empresa que ese momento era Superintendente de uno de los distritos de la región capital.
[96] Centro de Administración, Operación y mantenimiento.

atrapados con la llegada de la revolución de Chávez, un ejercicio político con lo peor de todos nuestros males.

La recta final de la privatización y la apertura del sector

En septiembre de 1991, por decreto presidencial, se creó CONATEL, su primer presidente fue Juan de Dios Mijares que en octubre de ese mismo año llevaría adelante la subasta de la banda «A» en la frecuencia de 800 MHz, para el servicio de telefonía móvil. Un concurso público en el cual participaron siete empresas y sería ganado por Telcel Celular, un consorcio conformado por Bell South y el empresario venezolano Oswaldo Cisneros.

Telcel pagó por la frecuencia ciento cinco millones de dólares y siguiendo el mismo modelo establecido en Estados Unidos a CANTV, como operador establecido, se le asignó la banda «B» con la condición de crear una filial para operar este negocio e igualmente se le impondría la obligación de mantener congelados por un año, sus planes de despliegue de nuevas estaciones bases. La intención de ambas medidas eran garantizar por un lado el «trato igualitario», (Telcel recibiría las mismas condiciones que CANTV daba a su filial) y por el otro ofrecerle la oportunidad, como operador entrante, de construir una red con la cual estuviese en capacidad de competir en igualdad de condiciones, ya que para ese momento CANTV atendía la región capital y parte del litoral central.

Un año más tarde CANTV pagó por su banda un monto equivalente en bolívares al pagado por Telcel y que en dólares al cambio resultó ser sesenta y dos millones de dólares. La devaluación monetaria favoreció a la empresa que pagó por la misma frecuencia treinta millones de dólares menos.

La concesión otorgada a Telcel fue la primera que asignó el ente regulador venezolano. También oficializó el primer contrato de interconexión entre operadores en Venezuela y fue el suscrito por CANTV y TELCEL que consagraría la figura del «Calling Paring Pay» o «el que llama paga» y que igualmente terminó siendo el primer contrato de interconexión fijo-móvil firmado con estas características a nivel mundial[97]. Hasta ese momento el sistema imperante en la industria era el de «Móvil Paring Pay» o el «móvil siempre paga». En las páginas siguientes hablaré de la historia de la telefonía móvil en Venezuela y el por qué se impuso en Venezuela y que consecuencias tuvo para la industria.

El modelo de apertura desarrollado por Venezuela, sería emulado y adoptado por varios países de la región. Entre los autores del marco institucional se encontraba el ingeniero venezolano Héctor Martínez, quien para el momento desarrollaba labores de consultoría en la OEA para la creación de entes regulatorios y el diseño de procesos de privatización para los sectores de telecomunicaciones y eléctrico de Latinoamérica. Los ingenieros Juan de Dios Mijares,

---

[97] Disponer de un contrato de interconexión con CANTV fue una exigencia de todos los participantes a la subasta. La experiencia internacional refería reflejaba grandes dificultades con el operador establecido a la hora de interconectarse que terminaban por convertirse en una barrera de entrada y en un freno a la competencia, ya que la sola discusión de la interconexión podía tomar hasta dos años.

Miguel Génova, Manuel Sánchez y Héctor Martínez fueron los responsables de darle forma a CONATEL.

La subasta de CANTV

El 15 de diciembre de 1991 se llevó a cabo, en el auditórium del Banco Central de Venezuela a las diez de la mañana, la subasta y pese al intento de ensombrecerla por parte del diputado Aristóbulo Isturiz[98], y de otros dos militantes del partido la Causa R, ésta se desarrolló sin mayores contratiempos.

Al evento se presentaron dos consorcios internacionales: el liderado por Bell Atlantic como operador y conformado por Bell Canadá, el grupo Cisneros, Banco Provincial y la compañía Pirelli, y el liderado por GTE denominado «Venwolrd» y donde participaron como inversionistas Telefónica de España, AT&T, La Electricidad de Caracas y el Banco Mercantil.

El primer sobre en ser abierto fue el de Bell Atlantic, que ofertó la suma de un mil cuatrocientos ochenta y cinco millones de dólares por el cuarenta por ciento de la CANTV, luego se abrió el sobre de GTE que ofreció un mil ochocientos treinta y cinco millones de dólares. Con este resultado la privatización de CANTV llegaba así a su fin y quedaba como ejemplo de transparencia y ética profesional en procesos de licitación pública.

---

[98] Personaje que ocupó posiciones ministeriales en los gobiernos de Chávez y Maduro.

La nueva CANTV y «el cambio se está escuchando»

A partir de enero de 1992, nos tocó a los que nos quedamos en CANTV, ahora en roles gerenciales, cumplir con los mandatos establecidos en los anexos técnicos del Contrato de Concesión, en particular los de calidad de servicio.

En lo personal debo confesar que fue todo un reto profesional, ya que se trataba de alcanzar objetivos de calidad, en los cuales había trabajado, ahora como gerente de la red. Aquello representaba participar en un importante proceso de transformación organizacional como protagonista del mismo y en pocas palabras significaba llevar a la práctica lo que le habíamos ofrecido al país.

Durante 1992 Venezuela vivió dos intentos de golpes de estado. Uno en febrero y otro en noviembre, pero a partir de la segunda intentona el país comenzó a cambiar y, sin duda alguna, a retroceder. Personalmente creo que con las dos asonadas militares perdimos una gran oportunidad como país para abrirnos al mundo y orientarnos hacia una cultura de mayor competitividad.

Es difícil asumirlo, pero mucho de los que se beneficiaban del Estado incluyendo a actores políticos, sectores empresariales y grupos mediáticos justificaron, y hasta apoyaron las dos asonadas militares, y a su autor intelectual el Teniente Coronel Hugo Chávez y las usaron como excusa para destituir al presidente Pérez.

Toda una acción de suicidio político en la que los principales partidos políticos de nuestro sistema democrático se prestaron a este juego. Me refiero a AD y COPEI que apoyaron la destitución del presidente Pérez.

Me permito mencionar que el evento más lamentable fue el protagonizado por político expresidente de la república, considerado uno de los fundadores de nuestra democracia, Rafael Caldera[99] quien no solo justificó el golpe de Estado en un discurso pronunciando en el parlamento de la República, en sesión extraordinaria convocada para condenar el golpe del 4 de febrero, sino que en 1994 ya como presidente en funciones sobreseyó la causa de Hugo Chávez[100] y del resto de los alzados involucrados en las dos intentonas golpistas, lo que se tradujo «en que no se había cometido

---

[99] Estadista y político venezolano, fue fundador de COPEI. Líder e ideólogo de la Democracia Cristiana a nivel mundial. Principal impulsor y firmante del Pacto de Punto fijo o pacto de gobernabilidad que inició la experiencia democrática en 1958. Fue Presidente Constitucional en 1969-1974 y 1994-1999, ha sido el civil que más tiempo ha gobernado Venezuela. Fue redactor de la Ley del Trabajo (1936), su reforma en 1989 y de la Constitución de 1961. Fue Presidente de la Unión Interparlamentaria Mundial (1979-1982).

[100] En Venezuela el presidente de la Republica tiene la potestad de indultar o darle sobreseimiento a una causa, la diferencia entre una y otra, es que el indulto el presidente puede solicitar la remisión, reducción o conmutación de una pena que haya sido impuesta mediante sentencia firme, es decir la persona ha sido juzgada por el delito que cometió, en este caso atentar contra la constitución y las leyes al tratar de dar un golpe de Estado. El segundo es un pronunciamiento que pone fin al proceso, extingue la acción y pasa en autoridad de cosa juzgada. De Chávez haber sido indultado no se hubiese podido presentar a las elecciones presidenciales de 1998 porque había cometido un delito. Al sobreseerlo la puerta para presentar su candidatura quedó abierta porque el perdón presidencial detenía el proceso, era cosa juzgada y no existía delito. Caldera siempre argumentó que la decisión de sobreseerlo respondía a un clamor nacional. Hay quienes sostienen que Caldera junto a otro grupo de personas denominadas «Los notables» tenían vínculos con los cabecillas del golpe y que esa es la razón por la cual actuó de esa manera.

delito alguno». El sobreseimiento permitió que Chávez se presentase como candidato presidencial en las elecciones de 1998. Lo demás es historia.

Dentro de la CANTV los meses que siguieron intentona de febrero estuvieron acompañados de mucho esfuerzo organizacional. La empresa diseñaba su primera «Misión y Visión» y se encontraba desarrollando las áreas de mercadeo y ventas, inexistentes hasta 1991 al tiempo que se intentaba crear toda una cultura de atención al cliente que, en mi opinión, llegó a influenciar a otros sectores del área de los servicios como el bancario. La frase «El cambio se está escuchando» slogan publicitario de la nueva empresa se volvió una realidad en la Telefónica Nacional.

En junio de ese año fui promovido como Gerente de la Red y pasaría a tener responsabilidad sobre toda la planta analógica y digital de la empresa. En esos seis meses habíamos mejorado a la empresa y uno de nuestros mayores logros fue la mejora del tiempo en la obtención del tono de discar, que alcanzamos a llevarlo de quince minutos, en las horas pico, a menos de tres segundos[101].

Del documento de la apertura, el desarrollo del proceso privatización y sus realizaciones nació el sector telecomunicaciones

---

[101] Los anexos técnicos establecían metas trimestrales. En el caso del tono de discar debíamos ir mejorando el tiempo de obtención cada tres meses hasta alcanzar menos de tres segundos en siete trimestres. Para la CANTV fue importante avance conseguirlo en seis meses. De ahí que el cambio empezase a escucharse y en televisión toda la publicidad corporativa se orientase a presentar un teléfono con tono de discar continuo.

que conocimos, al menos hasta el año 2007, fecha en la que CANTV regresó nuevamente a manos del Estado. Para analizar sus resultados solo bastaría revisar si tenemos, al momento de escribir este ensayo, una CANTV fuerte, competitiva y moderna como fue el planteamiento inicial de su privatización o si por el contrario nos encontramos envueltos en episodios similares o peores a los que exhibíamos en 1989 donde el rezago tecnológico era evidente.

Cuando esta historia empezó caía el muro de Berlín para darle espacio a la «libertad del individuo», algo que los regímenes socialistas de la Europa del Este o el de Cuba aun en la actualidad, literalmente prescribieron en nombre de la igualdad y la justicia.

En 1994 CANTV me envío a estudiar al extranjero. A mi regreso sería promovido como Director de Desarrollo de Productos, de la recién creada empresa filial CANTV Servicios y nuestro primer lanzamiento sería el Internet dial up, puedo exhibir con orgullo que fui responsable de su éxito comercial.

En 1995 ganaría el primer premio del XV Concurso de Poesía, Cuento y Ensayo de CANTV, en la mención ensayos con «Historia de un País del Tropiko» Un relato de mis vivencias de veinte años en la empresa. En 1996 nuestro grupo de trabajo recibiría el Premio a la Excelencia, un reconocimiento empresarial a la labor profesional por el proyecto de «Atención a los Grandes Usuarios», era el primero que se entregaba y así lo estuvo haciendo la empresa hasta que regresó de nuevo a manos del estado.

El 30 abril de 1996 dejaría a la CANTV para iniciar un emprendimiento personal de televisión interactiva. Era el fin de una carrera que inicié en 1976 a la edad de quince años como aprendiz y que cerré en 1996 como responsable del desarrollo de los productos de valor agregado de la corporación.

Han pasado más de treinta año y en Venezuela hemos construido un nuevo muro de Berlín, somos un país fortificado, aislado en materia de vuelos internacionales, que no tiene una lista racionamientos pero si una bolsa con comida y el hambre que la acompaña, no emigramos con globos y túneles como en la Alemania Oriental pero si lo hacemos con mucho desazón en avión o caminando y somos más de cinco millones los que estamos fuera del país y nuestro sector telecomunicaciones, que es el objeto de este libro, nuevamente exhibe un gran atraso tecnológico, muy en particular la CANTV a la que el gobierno parece haberla renacionalizado solo para destruirla.

Me queda el recuerdo de la emoción que todos los que participamos en la privatización de CANTV sentimos al ver concluido de modo tan exitoso aquel proceso que, entre otras cosas, nos enseñó que era posible transformar a Venezuela.

Deseo creer que en nosotros existe una capacidad de rectificar, creo que los venezolanos nos merecemos otro país, uno distinto a la actual que tiene tanto sabor a pasado y fracaso y sobre todo se parece a eso que Moisés Naim[102] llama «necrofilia ideológica» o amor a causas muertas.

---

[102] Moisés Naím es un intelectual, profesor universitario, escritor y columnista venezolano. Es miembro del Carnegie Endowment for International Peace, un think tank en Washington con el cual ha estado vinculado profesionalmente desde 1993. Fue profesor fue profesor de economía y negocios y director académico del Instituto de Estudios Superiores de Administración IESA, autor del libro "Venezuela una ilusión de armonía", fue ministro de Fomento del II gobierno de Carlos Andrés Pérez.

CANTV un son montuno[103] a tres tiempos.

Si para Steve Jobs Bob Dylan fue parte de la magia inspiradora en el diseño del IPod; para los amantes de la salsa y del jazz latino, existe un muy personal santuario dedicado al musico Eddie Palmieri[104] y su orquesta La Perfecta[105]. Un culto interior a una «Obra Maestra inconclusa».

Confieso que mi primer encuentro con Palmieri y su Perfecta ocurrió en el año 72, en ese momento muchas cosas pasaban en el ambiente y muchos músicos interactuaban con una gama de sonidos caribeños acompañados con el ímpetu de experimentar con todo lo que venía del jazz.

Eddie no era el único en hacerlo, Johnny Pacheco, Ray Barretto, Joe Quijano, Mongo Santamaria, Joe Pastrana y muchos más combinaban ritmos en New York para darle paso a un nuevo género que le pertenecía a la calle, al barrio, a la esquina, a los boricuas, dominicanos y caribeños que vivían en el Bronx y que se encontraban buscando una identidad musical distinta al rock de los blancos

---

[103] Ritmo de origen afrocaribeño que se interpreta en Cuba, Puerto Rico, Venezuela y otros países de la cuenca del mar Caribe.
[104] Eduardo Palmieri es un pianista y compositor puertorriqueño-estadounidense de ascendencia corsa, fundador de las bandas La Perfecta, La Perfecta II y Harlem River Drive, reconocido como uno de los artistas más innovadores en la historia de la música la música afrocaribeña y el jazz estadounidense por espacio de seis cinco décadas ha deleitado a los salseros del mundo entero. Pionero de lo que hoy conocemos como género salsa influenció con su ritmo a todos los músicos y orquestas que formaron el sello Fania a finales de los sesenta. En su haber tiene 35 discos, Nueve Premios Grammy y la adoración de fanáticos en todo el orbe lo convierten en un ídolo vital para la música caribeña.
[105] Orquesta Musical fundada por Eddie Palmieri en 1962.

o el sonido de la Motown[106] de los afroamericanos. Mucho de lo que Eddie Palmieri y La Perfecta hicieron en los sesenta, con esa melodía única, a la que hoy llamamos «sonido Palmieri» fue el Genesis del género musical llamado Salsa.

Alcanzaba a cumplir los doce años y por mi mente no pasaba la idea de entrar a trabajar en la CANTV; convertirme en un amante de la salsa o en devoto de Palmieri y recuerdo haber escuchado sonar la canción «Vámonos pal 'monte», entonada por Ismael Quintana[107], en una tradicional tienda de discos de la Candelaria[108], especializada en salsa, hoy desaparecida. Ese día descubrí a un músico capaz de hacer hablar al piano y lograr que una extensa gama de sonidos, ritmos y melodías que se debatían entre la armonía y el compás eran el sonido perfecto. Quienes me conocen en intimidad saben que en algún momento de mi vida toqué las tumbadora, fue ese día que me animé a hacerlo.

El musico despedido por otro gigante Tito Rodríguez[109] por sus excesos percusivos en el piano y sus impulsos musicales de furia y ritmo me había cautivados. Eso eran Palmieri y La Perfecta, furia y ritmo.

---

[106] Música afroamericana con características distintivas de soul y una distintiva estructura melódica y de acordes cuyo origen es la música góspel.
[107] Ismael Quintana cantante y compositor de salsa, bolero y otros géneros de la música caribeña, nacido en Ponce Puerto Rico. Inició su carrera musical en 1961 al lado de Eddie Palmieri y La Perfecta, posteriormente se convirtió en solista del sello Fania y cantante de las Estrellas de Fania.
[108] Popular sector de Caracas.
[109] Pablo Tito Rodríguez Lozada, más conocido como Tito Rodríguez, fue un cantante, músico y director de orquesta puertorriqueño-estadounidense. Uno de los mejores boleristas y un clásico de nuestra herencia caribeña.

En esos años el disco de vinil reinaba en la industria musical, la piratería y la tecnología no abrumaban a la música y la comercialización de Long Play se efectuaba en tiendas comerciales especializadas como «Don Disco[110]» y comprar un disco era toda una experiencia sensorial en la que literalmente podías acariciar la música.

Hoy gracias a la convergencia y al «boom» de las telecomunicaciones la música se comercializan a través de YouTube, el nuevo «MTV» y Spotify es la «nueva radio» y se promociona a través de la red social Tiktok. Royalties y pagos de derechos de autor de casas disqueras, músicos, compositores, arreglistas y cantantes dependen de estas plataformas, pero esa es otra historia.

Retomando lo que motiva este relato, la noche del 26 de mayo de 2012, CANTV celebraba cinco años de su nacionalización y para conmemorarlo decidió ofrecer un concierto gratuito donde la principal estrella era Eddie Palmieri.

Esa noche los cuerpos bailaban con destreza y habilidad, hombres y mujeres traspiraban al compás de los movimientos corporales que se acompasaban con el sonido de bajo y la clave, al tiempo que anís, ron, cerveza y alguno que otro estupefaciente corrían por doquier en la Plaza Diego Ibarra[111], mientras una inmensa

---

[110] Popular tienda ubicada en Sabana Grandes.
[111] La plaza Diego Ibarra es un espacio público de Caracas, ubicado en el casco central de la ciudad. Fue reinaugurado en 2011 luego de permanecer cerrada durante tres años. Fue inaugurada en 1968, en honor al militar independentista y colaborador de Bolívar y Sucre, Diego Ibarra. Con el inicio del gobierno de

multitud contemplaba y vitoreaba con culto ceremonial a ese monstruo llamado Palmieri.

Tuve la oportunidad de estar allí, una noche en la que Eddie se estaba despidiendo de Venezuela y lo hacía con algunos de sus emblemáticos temas como «Tirándote flores», «Muñeca», y «Ritmo caliente». Una selección de temas de eso que yo llamo el «sonido Palmieri», muchos de los cuales llegaron en los CD´s[112] de salsa que traje en mi equipaje de exiliado cuando decidimos emigrar a Barcelona en 2015 y como solía cantar Cheo[113] «se soltaron los caballos otra vez» y necesitaba estar allí.

Nunca acabé de entender la relación entre la renacionalización de CANTV y una «rumba»[114] con Palmieri en la Plaza Diego Ibarra de Caracas y al no encontrar un vínculo entre la empresa de teléfonos y el musico me sentí tentado a escribir, acercade episodios resaltantes de la empresa y la carrera del pianista para entrelazarlos y ver que salía por aquello de que «Si echo palante ay mira me jalan patrás».

La mayoría de los eventos que relato me son conocidos en vivencia e historia personal, por haber estado en esa empresa entre 1975 y 1996 y a la vez haber escuchado el trombón de Barry

---

Chávez y hasta 2007 paso a ser ocupada por el comercio informal y conocida como "Saigón" donde era posible encontrar de casi de todo.
[112] Compact Disk
[113] Cantante y músico puertorriqueño de salsa y bolero, descubierto por Tito Rodríguez para algunos el Frank Sinatra de la salsa. La voz detrás del Ratón y Anacaona
[114] Forma coloquial en el caribe de referirse a una fiesta.

Rogers[115], los timbales de Manny Oquendo[116] y el piano de Palmieri, todos juntos sonando y disonando como «ritmo nuevo danzón jazz».

Los tres tiempos del son: cuando ángeles y diablos se juntan para bailar.

En el son montuno los movimientos del baile son pausados, suaves elegantes, acompasados al ritmo y se ejecutan en cuatro tiempos musicales, los tres primeros coinciden con tres pasos y el cuarto es de espera, no se realiza paso alguno y la pareja se enlaza en posición de baile social cerrada.

El primer tiempo

1961-1968. El fenómeno musical de Palmieri y su orquesta la Perfecta nacen en 1961 teniendo a Ismael Quintana como vocalista, uno de sus clásicos es «Muñeca». Este ciclo culmina en 1968 con el Álbum «Champagne», donde destaca Cheo Feliciano como cantante de la pieza «Mi palo de mango».

Durante esos años CANTV se consolida como empresa al recibir (1961), una concesión por treinta años para operar todos los

---

[115] Barron W. Rogenstein fue un músico de salsa y un intérprete de trombón de jazz fusión. Rogers también tocaba tres Cubano y Cuatro Puertorriqueño. Descendiente de una familia de judíos polacos y criado en el barrio de Spanish Harlem, sintió interés por la música de otros países.

[116] Jose Manuel «Manny» Oquendo fue un percusionista estadounidense. Nació en la Gran Manzana, con raíces puertorriqueñas. Fue fundador del grupo Libre, un increíble experimento musical.

servicios de telecomunicaciones y adquirir (1968) las últimas acciones de una empresa inglesa prestadora de servicios en el estado Apure.

De este periodo resalta la presidencia de Andrés Sucre[117], quien estuvo al frente de la empresa de 1968 hasta 1974. Su grupo de ingeniería desarrolló los primeros planes de expansión de CANTV; mejoró el Centro de Estudios de Telecomunicaciones y firmó con la Asociación de Profesionales Universitarios de la CANTV, entre cuyos firmantes se encontraba Jorge Giordani, los regímenes de concurso para acceso y respeto a la «meritocracia» de la CANTV. Palabra, por cierto, muy cuestionada por personalidades que en el pasado la defendieron como principio.

1975. La Universidad de Puerto Rico es el escenario para la grabación en vivo del álbum «Eddie Palmieri & Friends at The University of Puerto Rico». Ese mismo año CANTV inicia su primer gran cambio de sustitución tecnológica y migra de centrales analógicas paso a paso a centrales analógicas de control común. Llegan al país los sistemas ARM 20 y ARM 50 de Ericsson adquiridos, inicialmente, a través de la licitación MC-LD-15 que tuvo tres contratos. El MC-TL-1 con las ARF también de Ericsson. Ambas tecnologías (ARF y ARM) se extendieron con el contrato CJ-70, que

---

[117] Ingeniero Venezolano.

también incluyó los sistemas de traducción[118] SxS; en 1971 se firmó el TL-2 con ITT para las Pentaconta. Las ARM se instalaron en la red de larga distancia nacional y las ARF y Pentaconta de diez mil líneas por serial para los sectores urbanos y suburbanos, posteriormente se incluyeron las centrales Hitachi Crossbar de cien, doscientas, quinientas y mil líneas para espacios rurales y suburbanos.

Quien esto escribe se inició como técnico en esta última tecnología. En esos años el CET llevó adelante un agresivo plan de reclutamiento y capacitación para preparar el recurso humano que iba a operar y mantener el millón de líneas que cubría el plan de expansión de la red de 1971. Suerte de «Misión saber y trabajo[119]», pero con el único compromiso de estudiar y trabajar. CANTV era después de PDVSA, la empresa «deseada» para iniciarse en el mundo laboral. En ese momento su presidente era Thor Halvorssen Hellum y su Gerente General Armando Loynaz Reveron.

1978. Sonaba con fuerza «Oye lo que te conviene», vocalizada por Lalo Rodríguez[120] y sale al mercado «Lucumi, Macumba

---

[118] Para interconectar centrales paso a paso que señalizaban a tres hilos y -60VDC con los equipos Pentaconta que señalizaban a dos hilos y -48VDC que es actualmente el estándar de la industria.

[119] El gobierno de Chávez creo un conjunto de programas sociales, en su mayoría fallidos, a los que bautizaba como misiones.

[120] Lalo Rodríguez, es un cantante puertorriqueño de salsa, reconocido por sus éxitos «Tristeza encantada» y «Ven, devórame otra vez». En 1973, con tan solo 16 años de edad, era el vocalista de Eddie Palmieri en el álbum The Sun of Latin Music que se convirtió en la primera producción latina en ganar un premio Grammy. Junto a Eddie Santiago y Frankie Ruiz impusieron el género de salsa erótica, movimiento impulsado a principios de los 80 en Nueva York, que vino

y Voodoo», dedicados a Cuba, Haití y Brasil. CANTV se ve envuelta en una conflictiva situación política de cambios como consecuencia del resultado electoral del año 78 en el que Acción Democrática y su candidato Luis Piñerua Ordaz perdieron las elecciones. En enero de 1979 se estrena como presidente de la empresa el ingeniero Fernando Ponte Borjas.

1981. Palmieri graba un disco para el sello Bárbaro, titulado «Eddie Palmieri» en el cual se incluyen cinco temas, tres vocalizados por Cheo Feliciano y dos por Ismael Quintana, contiene «Paginas de mujer» y una versión del tango «El día que me quieras», que fue nominado al Grammy.

Ese es también el año de la debacle para CANTV. Nerio Neri[121] es nombrado presidente de la empresa y se desata un conflicto entre la dirección de la empresa y el área de ingeniería y planificación cuya motivación inicial fue reorientar los planes de CANTV, originalmente diseñados para comprar centrales analógicas de control común, hacía la adquisición de las centrales digitales que estaban entrando en ese momento al mercado, planteamiento al que opone el nuevo presidente.

En paralelo la Gerencia Ejecutiva de Desarrollo, la unidad responsable del plan de adquisición de planta queda vacante y su

---

a darle un nuevo aire a la salsa brava que se encontraba en declive. Aunque será en los 90 cuando alcancé su plenitud como estilo propio.

[121] Presidente de CANTV 1980-1983, un personaje completamente ajeno al sector. A su salida de la empresa fue enjuiciado por peculado.

nuevo titular es traído desde afuera dando inicio al proceso de politización de cargos considerados hasta ese momentos técnicos. El plantel de planificación e ingeniera consideraba que la posición debía ser cubierta por concurso interno y la dirección la empresa pensaba que no. Esto llevó a la Asociación de Profesionales Universitarios de CANTV a plantearse un conflicto por el respeto al régimen de concursos y la meritocracia.

La empresa, en particular su presidente Nerio Neri Mago y el presidente de la Republica Luis Herrera Campins[122], asumen una postura irreverente y mantienen la posición de que esos cargos eran de confianza y libre remoción y acusan de «izquierdistas y enemigos de la democracia» a los directivos del gremio profesional. La respuesta inmediata fue despedir a buena parte del área de planificación de CANTV, lo que dio inicio a una huelga cuyo desenlace final fue la salida de cuatrocientos ingenieros, entre ellos el ex ministro Giordani, personaje que durante los años que fue ministro de Hugo Chávez, se convirtió en enemigo declarado de la meritocracia de PVDSA. Contradicciones de la vida y un caso en el que la salsa que es buena para el pavo no lo es para la pava.

Con ese conflicto y sus consecuencias inician la debacle de la CANTV y son la explicación del porque en el año 1991 el tono de discar podía demorar hasta quince minutos o que en el 2002 la empresa aún mantuviese en operación centrales analógicas. La

---

[122] 1978-1993

irracional postura de la directiva de la empresa llevó a CANTV a seguir instalando todavía en el año 1990 centrales analógicas Pentaconta, cuando en el resto del mundo solo se instalaban centrales electrónicas.

En 1983 CANTV abrió un concurso privado para la adquisición de dos centrales electrónicas que fue declarado desierto. Pese a ello, Ericsson regaló una central que se instaló en los Caobos (serial 575) y fue la primera de su tipo en Latinoamérica. ITT trató de hacer lo propio con su sistema 1240, pero no se concretó por razones de tipo legal. El valor de la donación superaba con creces el capital social de la empresa en Venezuela. Faltando seis meses para concluir el gobierno de Luis Herrera, Nerio Neri Mago firmó sendos contratos con Ericsson e ITT para instalar centrales electrónicas AXE y 1240, respectivamente, pero nunca alcanzaron a ejecutarse.

1984. Sale al mercado «Palo Pa´ Rumba», tercer Grammy de Palmieri, grabado para Fania Récords, en mi opinión uno de sus mejores LP. CANTV tiene una nueva administración, su presidente es José Luis Espinel, un ingeniero de carrera en la empresa despedido en el año 1978, como consecuencia del cambio de gobierno.

Se crea el grupo de trabajo para la licitación del millón de líneas digitales, conocido como CTD-1, proyecto que fue el origen del conflicto del año 1981. Esta licitación fue considerada un modelo de transparencia por los montos manejados: seiscientos millones de dólares y la rigurosidad y hermetismo de su proceso. La única objeción vino del Congreso Nacional, y así lo hizo saber cuándo interpeló a José Luis Espinel. A los parlamentarios de la Comisión de Licitaciones Públicas «le pareció exagerada la cantidad de líneas». En ese momento Venezuela tenía siete teléfonos por cada cien habitantes y un indicador de desarrollo era tener más de cuarenta teléfonos por cada cien habitantes.

Debo resaltar que el endeudamiento generado para la adquisición de esas líneas lo asumió la propia CANTV, no fue endeudamiento público. Para 1991 se había alcanzado a instalar unas trescientas mil líneas y las setecientas mil restantes las heredó GTE al momento de la privatización y una de las condiciones que se impuso en el contrato de concesión es que el operador que asumiese CANTV se haría cargo de esa deuda contraída como parte de su inversión en activos de operación del negocio.

1985. Cuarto Grammy de Palmieri, por el álbum «Solito». En CANTV, se da inicio en el CET al programa ATI, cuyo objetivo era recapitalizar el recurso humano de la empresa para atender el ambicioso plan de digitalización de la red que debía empezar a finales de los 80.

1987. El disco «La Verdad», es el quinto Grammy de Palmieri. CANTV estrena de Presidente a Miguel Ángel Meneses[123] y

---

[123] Fue ascendido de Gerente Ejecutivo de Recursos Humanos a Presidente de la empresa, a pesar de que su administración en Recurso Humanos tuvo el sesgo político y sindical de la presidencia de Jaime Lusinchi (1983-1988) podría decirse que era un funcionario de carrera con veinte años de servicio. Se inició como mensajero en los años sesenta, estudio economía y poco a poco fue

se encuentra atorada entre un plan de ingeniería de un millón de líneas, ganado por las empresas SIEMENS, NEC y ERICSSON y su realidad operativa de obsolescencia tecnología, falta de recursos operativos, inefectiva gestión de mantenimiento, ausencia de planes de calidad de servicio de tipo contingente y carencia de personal técnico calificado En un negocio donde se requiere de mucha inversión y conocimiento técnico para su gestión, CANTV se presentaba desfigurada para realizar cualquier transformación tecnológica y global.

1989. A finales de ese año entra el «Grupo Reestructurador del Sector de Telecomunicaciones» y el nuevo presidente es Fernando Martínez Mottola culmina con éxito el proceso de privatización del cual hablé en profundidad en el capítulo anterior.

El segundo tiempo

1991. Palmieri graba para el sello Capitol «Sueño», con Milton Cardona[124] en las Congas, y es nominado una vez más a los Grammy. CANTV estrena, en noviembre de ese año, una nueva administración cuya cabeza es GTE como operador. En subasta

---

alcanzando posiciones en la Gerencia Ejecutiva de Recursos Humanos. Hasta alcanzar su dirección.
[124]Percusionista, cantante, corista y conguero nacido en Puerto Rico. Trabajó en los mejores años del boogaloo y en la época dorada de la salsa donde fue conguero de las orquestas de Willie Colón, Eddie Palmieri, Héctor Lavoe, Larry Harlow, La Orquesta Flamboyán de Frankie Dante, El Grupo Folklórico Experimental Neoyorquino y La Fort Apache Band de Jerry González y más artistas.

pública Telcel Celular, con BellSouth como operador, gana la banda «B» de telefonía móvil celular y se inicia una exitosa historia empresarial, que se cierra en 2004, cuando BellSouth vende todas sus operaciones en Venezuela y Latinoamérica a Telefónica, haciéndose efectivo el cambio en abril del 2005 cuando desaparece una marca querida por el consumidor venezolano, «Telcel: su voz sin límites» para darle paso a la marca Movistar.

1992. Palmieri graba el disco «Llegó la India, vía Eddie Palmieri», en el que presenta a la cantante Linda Caballero, conocida como «La India». En CANTV se estrena como presidente a Bruce Haddad[125], probablemente junto con Andrés Sucre[126] los dos ejecutivos que mayor impacto positivo han dejado en la corporación. Haddad llegó con el reto de transformar una empresa viciada por la política y acostumbrada a ofrecer teléfonos, en un operador de telecomunicaciones con estándares internacionales de calidad orientada al cliente.

---

[125] Graduado en la Universidad Estatal de Florida en finanzas y una maestría en administración de empresas se inició en GTE en 1977. Su carrera internacional se inicia como vicepresidente de finanzas de CODETEL (1985 -987), fue la compañía telefónica en la República Dominicana, de la cual GTE era propietaria. Presidente de CANTV (1991-1995) y vicepresidente senior Internacional para Operaciones Telefónicas de GTE (1994 -1995) y vicepresidente senior Internacional para América Latina Verizon (1995 -1997). Falleció junto a su esposa en un desafortunado accidente de avión a la edad de cuarenta y tres años.

[126] Brillante Ingeniero civil, que este año 2022 estaría cumpliendo cien años es recordado por su paso en CANTV a la que convirtió después de PDVSA en la mejor empresa del país.

1994-1996. Palmieri lanza los discos «Palmas» para el sello Electra y «Arete» y «Vortex» para RMM, tres piezas de Jazz Latino. CANTV vive un proceso de transformación intenso, en el cual «El cambio se está escuchando». La empresa ha dado un giro de ciento ochenta grados. Por los excelentes resultados en CANTV, Haddad es promovido como Vicepresidente de Operaciones Internacionales de GTE/VERIZON.

La crisis bancaria y fiscal del año 94 y la fuerte inflación afectan los acuerdos de ajuste tarifarios establecidos en el contrato de concesión y la empresa debe negociar con el Estado las metas de expansión. El presidente de Venezuela es Rafael Caldera, en un segundo mandato (1993-1998) y CANTV estrena a Gustavo Rossen como presidente a finales de 1995.

CONATEL estrena un tercer Presidente, luego de la continuidad y estabilidad administrativa que caracterizaron al ente regulador entre 1990 y 1994. Esto último tan necesario en una industria donde la regulación va dos pasos atrás de la tecnología. A mediados de 1995 CANTV lanza el servicio Internet en la modalidad de Dial Up y se crea el «Premio a la Excelencia» como estímulo a la competitividad y la innovación.

2000. Marca un hito en la historia de la música latina. Palmieri lanza «Masterpiece» obra maestra acompañado del rey del timbal Tito Puente[127], en la misma participó como sonero Pete «El Conde»[128] Rodríguez. Este trabajo les mereció a Tito y Eddie un nuevo premio Grammy.

Ese mismo año se inicia la liberación total de las telecomunicaciones en Venezuela, proceso que se debió adelantar en el año 1996, cuando el crecimiento de telefonía fija comenzaba a ralentizarse a nivel mundial. El punto de partida fue la subasta el espectro de WLL (Wireless Local Loop)[129] para ofrecer telefonía fija, también uno de los mayores fallos en la política regulatoria del país, la banda de frecuencias del mencionado espectro, la de 3,5 GHz nunca llegó a desplegarse.

2002-2005. Se inicia un tercer ciclo para Eddie Palmieri, quien después de treinta y cuatro años, relanza la «La perfecta II». CANTV lanza al mercado el «CANTV Listo», en respuesta al «CDMA fijo» de Telcel. También sale airosa de una hostil Oferta Pública de Acciones por parte de la empresa AES, la dueña la Electricidad de Caracas y fracasa en sus intentos por entrar en el mercado colombiano y comprar al operador móvil Digitel.

---

[127] Percusionista estadounidense de origen puertorriqueño y nombre infaltable en el jazz a nivel mundial, desarrolló su trabajo en el campo de la música afrocubana, el jazz latino y la salsa.

[128] Pedro Juan Rodríguez Ferrer fue un cantante puertorriqueño de Salsa. Por su forma cantar el son, apegado a las raíces cubanas se le conoce como «el más cubano de los soneros boricuas»

[129] Proyecto de Telefonía fija y datos inalámbricos

Esta última empresa a la postre se consolidaría como el tercer operador móvil del país. Son años de las «cajitas felices»[130] y de los conflictos con los jubilados por pensiones irrisorias de ochenta bolívares al mes. Algo inentendible, en una empresa cuyo presidente era el adalid de la Responsabilidad Social Empresarial.

La falta de regulación de CONATEL en cuanto al Servicio Universal, coloca responsabilidades en los planes de CANTV que junto al deseo de VERIZON de abandonar el país se convierten en los justificativos para la renacionalización de 2007. En la que influyó mucho el gobierno de Cuba, debido a que el cable submarino para conectividad de Internet que el estado venezolano había construido con la isla debía ser interconectado en la estación de cable de CANTV en Caraballeda, una empresa propiedad de un operador estadounidense.

Hago un aparte para referirme a este punto. Entre 2007 y 2011 fui Gerente General del operador 123.com.ve, que inicialmente había sido ENTEL Venezuela, una filial de ENTEL Chile, propiedad de Telecom Italia, que a su vez era dueña del veinticinco por ciento de ETECSA, la Empresa de Teléfonos de Cuba.

Entel Venezuela fue adquirida por un empresario venezolano y uno de los negocios que heredó fue una interconexión de llamadas con Cuba, que en Venezuela era importante no solo por el ingreso que generaba (es una de las llamadas más costosas del mundo

---

[130] Reducciones de personal acompañadas de fuertes cantidades de dinero para motivar la salida de las personas.

lo que le permite al gobierno cubano obtener dólares por esta vía) sino también por la gran cantidad de «colaboradores»[131] cubanos llegados Venezuela con la revolución de Chávez, cerca de noventa mil personas entre médicos, profesores, personal sanitario, asesores de todo tipo y seguramente espías y funcionarios del partido comunista de Cuba.

Ese vínculo me permitió conocer a Vivian Iglesias vicepresidente de ETECSA y persona de confianza de Ramiro Valdez un dirigente histórico de la revolución Cubana y la Sierra Maestra, que al momento de escribir este libro vive, tiene noventa años y ostenta el título de Héroe de la República de Cuba, había sido responsable del Ministerio de Tecnologías de la Información de Cuba, supervisaba la evolución del cable submarino y era asesor del presidente Chávez en el tema energético por lo que viajaba en esos años a Venezuela.

Por intermedio de la señora Iglesias conocimos a Ramiro Valdez que, aunque parco al hablar, en esa reunión nos transmitió sus recelos con la CANTV privada y sus gerentes. Y cuando no existía tan siquiera la certeza de que la empresa sería adquirida por el Estado, de hecho el magnate mexicano Carlos Slim ya había cerrado un trato con Verizon por la compra de todos sus activos en América Latina adicionalmente ella nos manifestó su preocupación por el hecho de que el cable debía anclarse en la estación de una empresa

---

[131] Es el título que le da el gobierno de Venezuela a esa ingente cantidad de personas que se encuentran en el país.

norteamericana, «todo sería más fácil si la empresa fuese propiedad del gobierno venezolano».

Conjeturas o no, estoy convencido de que hubo influencia cubana en la decisión de renacionalización de Chávez, en particular porque de manera extraoficial CONATEL había autorizado la compra por parte de Slim de la participación que tenía VERIZON de CANTV, cerca de un treinta y dos por ciento de las acciones.

El tercer tiempo

2007, Palmieri lanza un disco con el extraordinario Bryan Linch[132], titulado «Simpático». Otro clásico del Jazz Latino. CANTV al igual que Palmieri inicia su tercer ciclo con su renacionalización, un proceso signado por el regreso de la política y el clientelismo en la vida de la empresa; sacrificio de planes de inversión para mejorar las cuentas de dividendos; descapitalización del talento humano, acentuada con la salida del llamado grupo de «tecnócrata» que encabezaban los ingenieros Alexis Milano y Nicolás Solórzano y con la responsabilidad de llevar adelante un importante proyecto nacional, «las canaimitas[133]», que desde el comienzo debió estar gestionado con los fondos del Ministerio de Ciencia y Tecnología e inmerso en un plan nacional de conectividad con la

---

[132] Trompetista de jazz, ganador de varios premios Grammy. Ha sido miembro del grupo Afro-Caribbean Jazz de Eddie Palmieri y ha dirigido el proyecto Latin Side of Miles con el trombonista Conrad Herwig.
[133] Dotación de ordenadores a niños de familias de escasos recursos

participación de todos los operadores y los fabricantes nacionales de tecnología. La única verdad es que el Estado heredó una empresa financieramente sana y competitiva y a la vuelta de quince años solo exhibe resultados desalentadores.

Así las cosas después de tres tiempos del montuno nos encontramos a la espera.

La última vez que logré ver, escuchar y bailar a Eddie Palmieri fue en su vista a Venezuela del año 2012. Antes de eso lo había hecho en el año 2001, durante un viaje a Europa en el que el musico se estaba despidiendo de Barcelona. En aquel momento mis sentimientos eran otros.

Y solo para aclarar: el son es un género musical al que un sinnúmero de autores lo enriquecieron y fusionaron con diversos ritmos, como el guaguancó, los danzones y el pregón. Llegó al Bronx y se mezcló con los ritmos puertorriqueños de la bomba, la plena y luego con el jazz para darle origen a lo que hoy conocemos como salsa que nos identifica a los que somos del Caribe y que prevalece y prevalecerá en el gusto popular de los bailadores.

El nacimiento de la Telefonía móvil celular en Venezuela: aquello que inventamos

En el libro «Comunicación móvil y sociedad. Una perspectiva global» publicado por la Editorial Ariel y la Fundación Telefónica, se recogen dos años de trabajo de los investigadores de Manuel Castells[134], Mireia Fernández Ardèvol[135], Jack Linchuan Qiu[136], y Araba Sey[137] y se analizan las transformaciones que ha experimentado la sociedad, gracias a la masiva difusión de las tecnologías inalámbricas en todo el planeta. La introducción del mencionado libro empieza con el siguiente párrafo:

«Ciertamente, la historia de la tecnología, incluyendo en ésta la historia de Internet, nos enseña que la gente y las organizaciones acaban utilizando la tecnología para propósitos muy

---

[134] Manuel Castells Oliván es un sociólogo y profesor universitario español, ministro de Universidades del Gobierno de España entre 2020 y 2021
[135] Doctorada en Economía la Universidad de Barcelona, investiga la comunicación móvil desde 2003, en países desarrollados y en vías de desarrollo. Articula sus trabajos desde tres perspectivas: el análisis de la contribución de la comunicación móvil al desarrollo, la reducción de la pobreza, y a los procesos democratizadores (enfocado mayormente en América Latina); el análisis de la relación las personas mayores con y mediante las tecnologías de la comunicación móvil.
[136] Profesor del Departamento de Comunicaciones y Nuevos Medios de la Universidad Nacional de Singapur. Premio C. Edwin Baker 2019 por el Avance de la Beca en Medios, Mercados y Democracia de la Asociación Internacional de Comunicación (ICA).
[137] Directora de investigación del Instituto de Informática y Sociedad de la Universidad de las Naciones Unidas, Investigadora principal de Research ICT África y científica investigadora sénior en la Escuela de Información de la Universidad de Washington.

diferentes a aquellos que inicialmente intentaron conseguir o concibieron los diseñadores de la tecnología en cuestión».

El párrafo viene muy a propósito con el nacimiento de la telefonía móvil en Venezuela, la implantación del modelo el «que llama paga en el mundo»[138], la posterior aparición del prepago y él por qué sostengo que ambas modalidades se desarrollaron y se inventaron en nuestro país

Empecemos por mencionar que Venezuela es el segundo país de la región que introduce la telefonía móvil celular, y lo hace a través de CANTV en el año 1988. También es un hecho que uno de los mayores obstáculos que encuentra el servicio para ser ofrecido en el país, son las limitaciones tecnológicas que para el momento de su lanzamiento presentaban los sistemas CANTV y que conspiraban a la hora de tratar implantarlo con el modelo «el que recibe paga»[139] como ocurrió en el resto de los países.

---

[138] El que llama paga o Calling Party Pays (CPP) es un modelo de pago en telefonía, especialmente en los mercados móviles, que establece que el costo total de una llamada es asumido por la persona que llama y no por el receptor. También se conoce como "La red de la parte que llama paga" o CPNP. Y funciona de la siguiente manera escenario: "A" es el suscriptor de un Operador1. "A" tiene la intención de realizar una llamada telefónica a "B", que es suscriptor de un Operador2.
Para que se produzca la llamada, los dos operadores deben estar interconectados. Ambos operadores cobran a sus respectivos suscriptores por sus servicios. En este escenario, Operador1 proporciona el servicio de originación y operador2 finaliza la llamada. Operador1 cobra a "A" en función de la "tarifa de llamadas". Operador2 cobra a Operador1 en función de la "tarifa de terminación" (TR). Operador1 transfiere el costo de TR a "A" en su totalidad.
[139] "El receptor paga" o Receiving Party Pays (RPP) es un modelo de pago establecido básicamente en el mercado celular, que establece que el pago de una llamada entrante se establece en el receptor. Ese modelo difiere de "La persona

En este capítulo abordaremos el nacimiento de la telefonía móvil en Venezuela vista desde la perspectiva de un protagonista al que le tocó vivir parte de esa historia.

El principio

La telefonía celular nace en 1947, EE.UU., en los Laboratorios Bell[140] de AT&T, cuando sus investigadores comenzaron a perfeccionar las características de los sistemas de telefonía inalámbrica utilizados en la segunda guerra mundial, concluyendo que «era factible desarrollar un servicio de telefonía para los automóviles trabajando con áreas de cobertura reducida de siete kilómetros cuadrados, denominadas celdas, atendidas por radio bases y

---

que llama paga" en la que la persona que llama es quien paga para que el otro lado lo reciba. En contraste con el principio CPP, en RPP se le pide a la persona que recibe la llamada que pague el costo de terminación o, en algunos casos, que comparta una parte de este costo con la persona que llama. En principio se asumió que lo más costoso era el tiempo aire y se estableció que por ese motivo el móvil debía ser responsable de los dos cargos. Recuérdese que al momento de ofrecerse el servicio, el mismo era considerado un lujo, incluso la palabra móvil referiría a que era un teléfono para ser instalado en un auto.

[140]Propiedad de NOKIA es parte del entamado del entramado Bell, fue fundado a fines del siglo XIX, comenzó como el Departamento de Ingeniería Eléctrica Occidental y estaba ubicado en la ciudad de Nueva York. En 1925, después de años de realizar investigación y desarrollo bajo Western Electric, el Departamento de Ingeniería se transformó en Bell Telephone Laboratories y pasó a ser propiedad conjunta de American Telephone & Telegraph Company y Western Electric.

A los investigadores que trabajan en Bell Labs también se les atribuye el desarrollo de la radioastronomía, el transistor, el láser y la fibra óptica, la celda fotovoltaica, el dispositivo de carga acoplada (CCD), la teoría de la información, el sistema operativo Unix y los lenguajes de programación. Programación B, C, C++., S, SNOBOL, AWK, AMPL y otros. Se han otorgado nueve premios Nobel por el trabajo realizado en Bell Laboratories.

haciendo reúso de las frecuencias en celdas contiguas[141], para obtener un incremento sustancial en la capacidad de gestionar tráfico».

En 1973, Martin Cooper, Director Corporativo de Investigación y Desarrollo de la empresa Motorola, considerado «El padre de la telefonía celular» lanza al mercado el primer radioteléfono y hace la primera llamada inalámbrica en los Estados Unidos, Martin confesaría que «fue ver al capitán Kirk usando su comunicador en la serie de televisión Star Trek también conocida como Viaje a las Estrellas lo que lo inspiró para desarrollar el teléfono móvil».

En 1977 los Laboratorios Bell construyeron y operaron un prototipo de sistema de telefonía celular y un año después lo hicieron en Chicago. De esta manera en Estados Unidos le darían inicio a las primeras pruebas públicas del nuevo sistema de telefonía celular con más de 2000 abonados. La tecnología empleada era analógica y se denominaba AMPS.[142] En 1979 la compañía NTT[143] operaria en Japón su primer sistema móvil.

En 1981 en los países Nórdicos se introduce un sistema celular similar al AMPS y en ese mismo año Motorola y American Radio Phone comienzan las pruebas de un segundo sistema

---

[141] El reúso de frecuencias implica que en un área de cobertura varias radio bases, también denominadas celdas, usen el mismo conjunto de frecuencias. Estas celdas son llamadas celdas co-canal, y la interferencia entre las señales de estas celdas se le llama interferencia co-canal.

[142] Advanced Mobile Phone System o Sistema Avanzado de Telefonía Móvil

[143] Nippon Telegraph & Telephone Corp.

norteamericano de telefonía celular, con cobertura en Washington y Baltimore.

Para 1982, la FCC[144] autoriza la prestación del servicio comercial de telefonía celular en los Estados Unidos y un año más tarde, en la ciudad de Chicago, Amerithec, ofrecería por primera vez un servicio comercial de telefonía celular analógica, usando las patentes AMPS de Motorola. Paralelamente en Europa, la empresa Nokia empezó a desplegar las primeras redes digitales basadas en la tecnología GSM[145]. Un sistema digital con el que Europa tomó un delantera.

En este punto es importante hacer un aparte. A pesar de que en América Latina habíamos adoptado en nuestros modelos de telecomunicaciones los estándares de la ETSI[146] y de la UIT[147], en la telefonía móvil se siguió el camino de Estados Unidos y adoptamos la tecnología AMPS, una tecnología analógica, en lugar del naciente GSM que era digital.

En esto jugó un papel importante la compañía Ericsson que había alcanzado un acuerdo con Motorola para desarrollar sobre su

---

[144] Federal Communications Commission Comisión Federal de Telecomunicaciones de EE.UU.
[145] Global System Mobile o Sistema Global para comunicaciones Móviles
[146] Instituto Europeo de Normas de Telecomunicaciones, organización de normalización independiente y sin ánimo de lucro en el campo de la información y las comunicaciones. ETSI apoya el desarrollo y la prueba de estándares técnicos globales para sistemas, aplicaciones y servicios basados en TIC.
[147] Unión Internacional de Telecomunicaciones.

sistema AXE[148] una interfaz hibridada para adaptar el sistema de acceso inalámbrico basado en AMPS, lo que simplificó la entrada de esta tecnología.

El AXE 10, era un sistema de conmutación bien posicionado en las redes fijas, entre ellas la de CANTV, y con buena reputación entre los técnicos que en opinión mayoritaria la consideraban como una de las mejores centrales digitales. A esto habría que añadir que salvo CODETE, una subsidiaria de la GTE en República Dominicana, el resto de empresas de telecomunicaciones de América Latina eran monopolios estatales, lo que las hacia reticentes a la hora de escoger proveedores y tecnologías de telecomunicaciones distintas a aquellas que tenían homologados y que por ende les simplificaban los engorrosos trámites de contratación del Estado. En el caso particular de CANTV Ericsson ya había incluido la solución como parte de la licitación del CTD1.

Esta es grosso modo la explicación del porque la mayoría de los países latinoamericanos siguió la ruta de lo que se conoce como «el modelo norteamericano de telefonía móvil».

---

[148] AX es una línea de productos de centrales telefónicas digitales conmutadas por circuito fabricadas por Ericsson, Fue desarrollado en 1974 El primer sistema se implementó en 1976. La AXE es el sucesor digital de la central telefónica analógica AKE y de la familia de conmutadores de barras cruzadas y relés ARF/ARM. Se utiliza para conectar líneas fijas locales, operar redes móviles, tráfico de telefonía internacional y señalización. Y por extraño que parezca Ericsson prefirió desarrollar su sistema hibrido sobre la tecnología patentada por Motorola que empleando el GSM que impulsaba Nokia.

Los primeros pasos en Venezuela.

En 1985, durante el «II Simposio de Informática, Comunicaciones y Electrónica», organizado por el IUPFAN[149], un evento en el cual CANTV presentaba su famoso proyecto del «millón de líneas digitales», los gerentes de desarrollo de la empresa Bell Canada International hablaron por primera vez de las bondades del sistema móvil celular y su potencial en un país como Venezuela.

Tres años más tarde CANTV introduce la telefonía móvil y siguiendo la pauta regional Ericsson es el proveedor. De esta manera la empresa convierte a Venezuela en el primer país sudamericano en desplegar una red AMPS y el segundo en la región después de México, que como ya mencionamos lo había hecho a finales de 1981. Al año siguiente, en 1989, lo haría Argentina.

A comienzos de 1988 ingenieros venidos de Suecia hicieron el diseño de la red inalámbrica en conjunto con ingenieros y técnicos venezolanos que trabajaban para CANTV, entre los que debo mencionara a Víctor González Yáñez, Gerente de Larga Distancia Nacional; Luis Estrada Jefe del Departamento de Transmisión de la mencionada gerencia; Gerardo Ayala Gerente de Ingeniería y Desarrollo, responsable del Proyecto por CANTV y los ingenieros Kong Wong y Ricardo Gollini miembros de esta última gerencia.

---

[149]Instituto Universitario Politécnico de las Fuerzas Armadas

Ericsson formó a tres ingenieros venezolanos para este proyecto Hugo Pérez, Ignacio Angulo y Carlo Urbina, que a la postre fundarían el plantel de ingeniería de la empresa Telcel Celular y Hugo Pérez fue designado como el responsable del proyecto frente a CANTV. En ese momento era el técnico con mayor experticia y calificación en los sistemas AXE10.

La complejidad de la red

En 1988 a red de publica de CANTV se debatía entre el atraso tecnológico de las centrales analógicas y la implementación de la nueva red de centrales digitales[150]. En el interior del país la composición de la red era setenta por ciento de líneas analógica[151] y treinta por ciento digitales; mientras que en Caracas los porcentajes eran cincuenta y cinco por ciento digital y cuarenta y cinco por ciento analógica.

Y en las centrales analógicas continuaban operando un importante número de líneas paso a paso de las llegadas al país en los años treinta y cuarenta. CANTV tenía cerca dos millones de líneas telefónicas de las cuales en Caracas estaban novecientas ochenta mil. La estructura de la red era jerárquica y salvo Amazonas,

---

[150] Cuando nos referimos a tecnología digital es tecnología basada en TDM
[151] Cuando nos referimos a analógica estamos hablando de centrales telefónicas en tecnologías basadas a relés

Cojedes, Delta Amacuro y Yaracuy cada estado tenía su propia central de larga distancia nacional analógica ARM.

Amazonas enrutaba sus llamadas por la ARM de San Fernando de Apure, Cojedes por Valencia, Delta Amacuro por Maturín y Yaracuy a través de Barquisimeto. Adicionalmente, había una ARM en Los Velázquez que manejaba el tráfico de larga distancia nacional de Barlovento y otra en Maiquetía que manejaba el tráfico en ese momento municipio Vargas dependiente del Distrito Federal.

Solo dos ciudades del país disponían de centrales digitales de larga distancia Valencia que tenía una y Caracas con dos ubicadas en Chacao y el Centro Nacional de la Avenida Libertador. Las tres centrales eran modelo AXE.

Adicionalmente por estado CANTV tenía al menos dos centrales tándem o concentradores de centrales locales, en su gran mayoría Ericsson del tipo ARF con capacidad de gestionar tráfico final de abonados o ITT-Pentaconta. En Valencia y Caracas convivían las tándem analógicas con las del tipo digital, modelos AXE y EWSD de la Siemens. Estas últimas provenientes proyecto del «millón de líneas».

En el caso particular de Caracas, la CANTV disponía de cuatro centrales tándem analógicas y cuatro digitales ubicadas en Chacao, Centro Nacional, Maderero y Pastora. Luego, en el plano local de la Región Capital las centrales digitales eran en un sesenta por ciento del tipo AXE y un cuarenta por ciento EWSD.

En el plano analógico los porcentajes se repartían treinta por ciento en centrales paso a paso del tipo Siemens AMD y Strowger. Hablamos de unas ciento veinte mil líneas. El resto de las líneas analógicas, cerca de trescientas mil líneas, estaba repartido entre Pentaconta y ARF y unas veinte mil líneas en centrales móviles tipo móvil Hitachi C23SDA.

Otro aspecto importante era que en las centrales locales Pentaconta para establecer interconexión con las centrales paso a paso era necesario disponer de una central de traducción. El motivo es que, en las centrales telefónicas paso a paso la señalización era a tres hilos y -60VDC[152], mientras que las centrales analógicas de control común, la señalización era a dos hilos y -48VDC. Las centrales ARF y las Hitachi podían hacer esta conversión en sus sistemas troncales, pero en las centrales Pentaconta no existía la facilidad.

En el interior del país la historia era otra treinta y cinco por ciento de centrales digitales del interior del país se repartía entre sistemas digitales EWSD, NEC y AXE10 en total trescientas mil líneas. El sesenta y cinco por ciento se distribuía de la siguiente manera: cerca de cuatrocientas mil líneas eran centrales de control

---

[152] Con las siguientes excepciones: las **AGF** Barquisimeto-Centro, San Cristóbal-Centro, San Cristóbal-La Concordia, Puerto La Cruz-Libertad, Maturín-Centro, Cumana-Centro, Porlamar-Centro y **ALBIS**: Valencia-Centro, Maracaibo-Bella Vista. Que operaba a -24 VDC, excepto en Barquisimeto-Centro (-48 VDC).

común del tipo ITT-Pentaconta y ARF[153]; ciento cincuenta mil líneas del tipo Strowger y ciento cincuenta mil líneas eran centrales rurales marca Hitachi de trescientos, quinientas y mil líneas repartidas a nivel nacional, usadas en poblaciones con menos diez mil habitantes, algunas de las cuales se mantuvieron hasta el año 2015.

A nivel de la interconexión local o dentro de las ciudades toda la planta analógica utilizaba como medio de transmisión el cobre. Solo las centrales digitales de Aragua, Valencia y Caracas empleaban para su interconexión sistemas de fibra óptica, el resto de las centrales digitales se interconectaba mediante radios digitales y entre centrales analógicas y digitales la interconexión se realizaba sobre pares de cobre empleado equipos de transmisión denominados de PCM sistemas que codificaban de analógico al digital.

La interconexión interurbana se efectuaba mediante el uso de radios analógicos y radio digitales PDH[154] y la conectividad solo era entre las centrales de larga distancia nacional. Es decir, las centrales locales debían pasar por el concentrador de larga distancia nacional de su ciudad que solo se interconectaba con los concentradores de larga distancia de cada ciudad o estado y estos a su vez

---

[153] Distribuidas de la siguiente manera: ITT PENTACONTA: Zulia, Trujillo, Mérida, Táchira, Carabobo, Miranda, Vargas, Caracas. ARF: Aragua, Anzoátegui, Bolívar, Falcón, Caracas

[154] La jerarquía digital plesiócrona, por sus siglas en ingles PDH, Plesiochronous Digital Hierarchy es una tecnología usada en telecomunicación tradicionalmente para telefonía que permite enviar varios canales telefónicos sobre un mismo medio (cable coaxial, radio o microondas) usando técnicas de multiplexación por división de tiempo y equipos digitales de transmisión.

entregaban la llamada a la central local correspondiente. La señalización utilizada para el plano digital era la R2-Digital[155] y para el plano analógico de control común la multifrecuencial o MFC-R2[156].

Esta estructura jerárquica, legada del nacimiento de la telefonía, e hibrida por la combinación de tecnologías en la red, ocasionaba que una llamada que iba del plano analógico al plano digital y viceversa se encontrase con cuellos de botella y problemas de congestión para completarse con éxito. No debe perderse de vista que la telefonía móvil de CANTV formaba parte de la red digital por lo que una llamada que se generase en el plano analógico para ir al móvil y viceversa se encontraba con los mismos problemas.

---

[155] El sistema de señalización R2 es un protocolo que se utilizó desde la década de 1960 principalmente en Europa, y más tarde también en Latinoamérica, Asia, y Australia, para transmitir información de intercambio entre dos sistemas de conmutación telefónica para establecer una llamada telefónica a través de una línea troncal telefónica. Sus especificaciones fueron publicadas por primera vez por el Comité Consultivo Internacional Telegráfico y Telefónico (CCITT) en el Volumen VI del Libro Blanco de la UIT de 1969.

[156] MFC/R2 es una señalización telefónica usada ampliamente en Latinoamérica y Asia con su origen en los inicios de la telefonía digital allá por fines de la década del 70. Las iniciales de MFC/R2 provienen de Multi-Frequency Compelled R2 (R2 dirigido por multifrecuencia). Comparado con protocolos de señalización como el R2 ofrece funcionalidades bastante limitadas. La señalización solo se usa para establecer la llamada o para finalizarla. A su vez algunas de las variantes MFC/R2 envían pulsos de cobro mientras dura la llamada, aunque raramente son usados.

En adición, en el plano local no todos los elementos de la red analógica identificaban al abonado «A»[157] o abonado que llamaba, esto no era importante en la telefonía fija, pero si en la móvil, si este último era el que debía pagar por recibir la llamada. A esto me referiré unos párrafos más adelante.

Todo esto puede dar una idea de lo complicado que fue introducir el servicio de telefonía móvil, tanto a nivel de enrutamientos, interconexión y señalización o poque la CANTV no ofertaba otros servicios añadidos como el identificador de llamada, la llamada en espera o las llamadas en conferencia.

Las cifras de líneas analógicas y digitales, así como las descripciones de la red solo sirven para advertir el estado tecnológico en el que se encontraba la CANTV en 1988, es evidente que predominaban las tecnologías analógicas y que entre un veinte y un treinta por ciento de nuestros clientes recibían servicio de centrales telefónicas en su gran mayoría llegadas a Venezuela en la primera mitad del siglo XX ya en estado de obsolescencia.

---

[157]En las centrales paso a paso de Caracas y Valencia se instaló un Sistema de Identificación de Abonado "A" mejor conocido como SIDA desarrollado por una de las mejores empresas venezolanas de ingeniería electrónica, la empresa Microtel.

El detalles de las llamadas y el cobro revertido dos grandes obstáculos.

El sistema que empleaba CANTV para realizar la facturación era por impulsos, los cuales que eran medidos por un contador asignado a cada línea telefónica. Los quince de cada mes se tomaba una foto o «lectura» a cada contador y el siguiente quince se tomaba una nueva lectura, ambos valores eran transcritos por un numeroso grupo de empleados llamado el «grupo de transcriptoras», que los cargaba en el sistema de facturación y este a su vez efectuaba una operación de resta para calcular el número de impulsos consumidos en el mes[158]. La diferencia entre la «lectura final» y la «inicial» se multiplicaba por el valor del impulso en bolívares que sumado a la renta básica generaban la factura del cliente.

Con este sistema de facturación era imposible cobrar revertido[159], es decir facturarle al cliente por las llamadas recibidas, algo que se estilaba ya en los servicios 0-800 de Estados Unidos, gratuitos para quien llama cuyo uso paga el comercio dueño de la línea.

---

[158] Debido a que los contadores eran de siete dígitos y estos avanzaban dependiendo hacia donde se llamaba o que tan lejos era el destino, en casos como los bancos que para soportar sus sistemas en línea, y debido a la congestión, iniciaban la llamada en la mañana y la dejaban establecida hasta el final de la jornada, lo que hacía que los contadores diesen la vuelta y en muchos casos la lectura final era menor a la inicial.

[159] es una llamada telefónica en la que la persona que llama quiere realizar una llamada a expensas del que recibe la llamada.

El otro obstáculo era la imposibilidad entregar el detalle de llamadas[160] otro requisito para poder entregarle a un cliente del servicio móvil una factura en la que él reconociese el pago de llamadas recibidas. CANTV solo podía entregar el detalle de la llamada en los servicios de larga distancia internacional, que se facturaban aparte mediante un sistema llamado «Toll Ticketing» y pese a que las centrales digitales ya generaban en sus bases de datos el detalle de las llamadas, el sistema de facturación solo era capaz de generar facturas por la diferencias de lecturas finales e iniciales.

Es también una de las razones por las cuales el servicio 800 de CANTV solo estuvo disponible en 1992 y fue el primer producto lanzado al mercado por la recién privatizada empresa. De esta manera el modelo con el cual nació la telefonía móvil a nivel mundial que obligaba a tener cobro revertido y detalle de llamadas era imposible ofrecerlo a este cliente.

El plan nacional de tarificación de CANTV

Como el lector ha podido apreciar a lo largo de este libro el encaminamiento de la llamada y la numeración estaban íntimamente ligados a las posibilidades técnicas de las centrales telefónica. La introducción del control común independizó el

---

[160] Esto cambia con la privatización, donde una de las obligaciones establecidas en el contrato de concesión es entregar el detalle de llamadas en la larga distancia nacional y empezar a facturar por minutos.

encaminamiento de la numeración y eliminó el uso de las operadoras y las clavijas e introdujo el concepto de la tarificación.

La tarificación consiste en establecer normas diferentes para las llamadas locales, interurbanas e internacionales. En consecuencia se encaminaban en forma diversa los tres tipos de tráfico (local, nacional e internacional) y la numeración establecía el encaminamiento y el cobro. Anteponer un cero indicaba que la llamada era nacional, anteponer dos ceros que era internacional y no colocar ninguno que se trataba de una llamada local.

En el pasado el cliente descolgaba el teléfono y de inmediato lo atendía una operadora a la que este le decía: «Operadora comuníqueme con el señor X en Caracas o Maracaibo y ella o él le indicaban cuanto costaba esa llamada». Con la automatización la numeración estableció reglas técnicas y comerciales. Si la persona digitaba un cero la llamada se enrutaría hacia la larga distancia y su costo dependería del destino, dos ceros la llamada se enrutaría hacía Internacional y su costo dependería del país de destino y si no anteponía ninguno la llamada era local y costaría el valor de un impulso cada noventa minutos. Vale resaltar que el tono de invitación a marcar también sustituyo a la voz del operador que le preguntaba «¿A quién desea llamar?», recibirlo es el indicativo de que debo colocar el numero de la persona a la cual quiero llamar. Esto es en términos simples la numeración y la tarificación en una empresa de teléfonos

La automatización es la que obliga a especializar a las centrales, estableciendo jerarquías en la red donde la central local ocupa el nivel más bajo. He mencionado varias veces la palabra central local y me detendré para ilustrar el concepto y establecer su relación con la numeración, en los términos en los cuales la telefonía fija funcionaba de esta manera, me refiero a los años 1920 hasta avanzado el 2000 cuando la tecnología volvió a cambiar las reglas.

Supongamos que una persona vivía en un vecindario de Caracas, usaremos el Rosal, entonces era atendido por la central telefónica El Rosal, seriales 951, 952 y 953. El cliente era titular de la línea por ejemplo 9512785, los primeros tres dígitos (951) identifican a la central, los últimos cuatros al cliente. Como la central está en Caracas, el código de ciudad es 212. Por tanto que vive en Chacao, otro vecindario de Caracas, si desea hablar que la persona del rosal discará el 9512785, esa numeración establece que el encaminamiento es dentro de Caracas y que por tanto el cobro es local; si por el contrario alguien que vive en Maracaibo desea hablar la persona que vive en el rosal, deberá discar 02129512785. Se trata de una llamada de larga distancia y tendrá un costo según el tiempo y la distancia.

Con este diseño cuando se efectúa una llamada desde la red local las funciones de supervisión del intervalo entre cifras marcadas por el cliente, la cantidad de repiques y el tiempo de nueva contestación del llamado se trasladaba a la central de larga distancia, y eventualmente a la internacional, donde los criterios de duración aceptable podían ser menos benignos. Ello exigía la señal de desconexión forzosa en sentido inverso al del establecimiento de la comunicación.

Dependiendo entonces de si la llamada era local, intraurbana o interurbana se enviaba un impulso de tasación cada cierta cantidad de segundos. Para poder operar de esta manera CANTV debía disponer en sus centrales telefónicas de un plan nacional de numeración asociado a otro de tarificación para la generación de los impulsos[161].

El «Plan Nacional de Tarificación» que empleaba la CANTV en 1988 para generar facturación tenía la siguiente estructura:

a) en una llamada local se generaba un impulso cada noventa segundos. Como menciones por llamadas locales se entiende las que efectúan clientes dentro de un mismo código de área. Por ejemplo. Caracas en esos años tenía el código 02, (actualmente es 212), los clientes que residen en Caracas para llamarse entre si no necesitan marcar ese código.

A partir de allí los enrutamientos iban discriminados por el 0. Un cero precedido de un número del 2 al 0, que indicaba que la llamada era de larga distancia nacional o internacional y en consecuencia debía ser enrutada o encaminada por la respectiva red de larga distancia nacional o internacional.

---

[161] Con las centrales digitales esta estructura comenzó a desaparecer pero conviviría mientras la empresa tuviese los dos planos: el analógico y el digital.

Por ejemplo si se discaba 00 la llamada se enrutaba a la central internacional; si se discaba 031 la llamada se enrutaba a la central de larga distancia nacional de la Guaira

b) En las llamadas de larga distancia nacional, el plan nacional de tarificación establecía seis tarifas, generadas por seis de los sietes relojes que tenían cada una de las centrales de larga distancia nacional. Un séptimo reloj era de reserva y como explicaré más adelante se emplearía para la telefonía móvil. Tomando como referencia Caracas la tarificación de CANTV funcionaba como se detalla a continuación:

1. Reloj uno: códigos 031 al 039 correspondientes a los códigos de área de la Guaria, Los Teques, Guarenas, Santa Teresa. Generaba un impulso cada sesenta segundos.
2. Reloj dos: códigos 041 al 049 Carabobo, Aragua, Guárico, una parte de Apure. Un impulso cada cuarenta y cinco segundo.
3. Reloj tres: códigos 051 al 059 Cojedes, Lara y Portuguesa. Un impulso cada treinta segundos.
4. Reloj cuatro: códigos 061 al 069 Falcón y Zulia. Un impulso cada veinte segundos.
5. Reloj cinco: códigos 071 al 079 Barinas, Mérida, Táchira Trujillo y Zulia. Un impulso cada diez segundos.

6. Reloj seis: códigos 081 al 089 y 091 al 095 Anzoátegui, Bolívar, Delta Amacuro, Monagas, Nueva Esparta y Sucre. Un impulso cada cinco segundos.
7. Reloj siete: reserva. Toda una estructura que se corresponde con el histórico modelo de distancia y tiempo hoy fenecido.

Al servicio de telefonía móvil se le asignó el reloj de tarificación siete que debía ser encaminado como un servicio de larga distancia nacional, lo que obligó a darle un ANC[162] o código de área que inicialmente fue 99, y se ajustó para generar un impulso por segundo, convirtiéndose de esta manera en la tarifa más costosa del plan nacional de tarificación de empresa.

De esta manera la telefonía móvil era vista dentro de la red de CANTV como un servicio de larga distancia nacional, una suerte de estado o región virtual dentro del plan de enrutamientos de nacionales y así se ha mantenido hasta la actualidad, de hecho cada operador tiene su(s) propio(s) ANC.

Al momento de la subasta de la banda que ganaría Telcel en 1991, se eliminó el 099 con el que operaba CANTV y se asignó el 14 a la naciente empresa móvil y 16 a la filial de CANTV que debía entrar en operación en 1992 (Movilnet). Quedó establecido que para llamar a un móvil se debía discar 0 precedido del respectivo código.

---

[162] Área de numeración cerrada.

Deseo hacer otro aparte, ambas empresas han podido quedar dentro de un mismo ANC, pero haberlo hecho de esta manera igualmente respondió a limitaciones técnicas. Colocar a ambos competidores con un mismo serial, implicaba llevar la numeración de seis a siete dígitos y en la red de CANTV eso no era factible en el corto plazo.

En el año 2000 cuando CONATEL definió el nuevo Plan Nacional de Numeración para la apertura, tuvo la oportunidad de cambiarlo, pero mantuvo el criterio de un código diferenciado para cada operador: 414 y 424 para Movistar, 416 y 426 para Movilnet y 412 para Digitel.

Solo a nivel de comentario, este diseño se convierte en una imitación a la a la hora de implementar la portabilidad numérica para incrementar la competencia, debido a que cada operador tiene su propia numeración dentro de su respectivo ANC.

Las dificultades de la interconexión

El plan de interconexión para la telefonía móvil, fue diseñado por Divo Dager, un experto en ingeniería de tráfico telefónico de la CANTV para implementar el servicio participamos: por Gerencia de Larga Distancia el ingeniero Víctor González y su grupo de conmutación; en la red analógica el trabajo lo coordinó la Gerencia de Ingeniería y Operaciones, teniendo como responsables a dos Técnicos de alto nivel, conocedores de la planta analógica a nivel nacional Lucio Millán y Abilio Díaz. En la red digital, tuvimos la responsabilidad Edgar Romero, un ingeniero del grupo de soporte y quien esto escribe, que para ese momento era responsable de los Centros de Operación, Administración y Mantenimiento de la red digital.

Establecer la interconexión para el servicio fue una actividad compleja por el ya mencionado estado de la red, dificultad que se mantuvo entre 1989 y 1990 años en los que CANTV estuvo prestando el servicio en solitario, de hecho a los seis meses tenía el doble de usuarios los proyectados, cerca de quince mil suscriptores. Y por supuesto durante los dos primeros años de operación de Telcel. La baja penetración de la telefonía fija en Venezuela hizo, casi de inmediato, que se convirtiese en un sustituto del fijo.

El sistema móvil de CANTV se desplegó con quince radio bases, instaladas en Catia La Mar, Naiguatá, Nueva Caracas, Los Caobos, el Rosal, Boleíta, San Martin, el Cafetal, Prados del Este, Chacao, Coche, Caricuao, la Lagunita y Lomas de la Lagunita y fue inaugurado el 20 de diciembre de 1988, por el entonces Presidente saliente de la República, Jaime Lusinchi (1983-1988).

Debido a que desde el comienzo fue considerado como un servicio de larga distancia y a que sus interfaces para la red de acceso eran de radio, se consideró que su operación debía quedar debajo de la Gerencia de Larga Distancia Nacional[163].

---

[163] Esa Gerencia era la encargada, hasta la privatización cuando el modelo de operación y mantenimiento cambio, de operar y mantener las centrales de larga distancia ARM y todos los sistemas de radio enlace troncal para interconexión urbana.

Para la operación y supervisión directa del sistema de conmutación y transmisión de la red de Telefonía Móvil Celular se creó un equipo encabezado por el Ingeniero Luis Estrada y entre los que se encontraban Eduardo Benítez, Gabriel Marcano y Cipriano Heredia, posteriormente los tres últimos pasarían a formar y fundar Telcel.

A finales de 1989 la unidad de telefonía móvil fue fusionada con el Departamento de Telefonía Rural de la misma Gerencia de Larga Distancia Nacional y allí se mantuvo hasta que en 1991 fue transferida a la recién creada filial Movilnet.

La estructura jerárquica de red con la que fue lanzado el servicio permite explicar cómo y cuando nació el modelo del «Calling Party Pays» en Venezuela, y la razón por la cual fuimos el primer país del mundo en implementarlo. Fue una solución técnica derivada de las propias dificultades de la operación de CANTV que por sus éxitos terminó establecerse a nivel mundial.

Los impactos del «Calling Party Pays» en Venezuela

A lo largo de los años, mucho se ha especulado acerca de la verdadera razón para la introducción del sistema «quién llama paga» en Venezuela, incluso directivos de Ericsson, debido al sorpresivo éxito, llegaron a argumentar que «había sido una recomendación dada por ellos».

Nada más alejado de la realidad, fue una respuesta técnica a un problema técnico y es la razón para afirmar que fue una solución «inventada», si cabe la palabra, en nuestro país. Que en mi opinión personal solo habla de la capacidad de innovación y resolución de nuestros ingenieros y técnicos.

En Estados Unidos y México, solo por citar dos importantes ejemplos regionales, en el despliegue de redes móviles se adoptó el modelo de «Mobile Party Pays» o «el móvil paga» porque se asumía que el aspecto más costoso del servicio era el tiempo aire y en consecuencia el móvil debía pagar por llamar y por recibir las llamadas.

Como explique con lujo de detalles para que el Mobile Party Pays funcionase era necesario disponer de algunas facilidades en la red que no estaban disponibles ni en la red ni en los sistemas de facturación de CANTV. La decisión técnica terminó favoreciendo a la industria a nivel mundial, ya que produjo una explosión del tráfico de la red fija a la red móvil, que en el caso de Venezuela generaría, desde el mismo comienzo, una alta rentabilidad para el negocio celular por concepto de ingresos de interconexión.

El explosivo fenómeno experimentado en Venezuela, donde el móvil crecía de modo exponencial, empezó a ser investigado desde otros países. Las tasas de crecimiento que tenía nuestro país solo eran comparables con las de Israel, donde el modelo adoptado por el regulador para las concesiones de telefonía móvil preponderaba tarifas bajas y planes de expansión en lugar de pagos por el espectro.

Y aunque el modelo adoptado fue el del Mobile Party Pays, la competencia permitió que los planes de tarifas llegasen a estar muy por debajo del servicio fijo. Israel sería de los primeros países donde el teléfono móvil sustituiría por completo fijo.

Luego de la subasta de la banda «A» se fijó como tarifa inicial un impulso por segundo, es decir el equivalente a 0,58 ctvs. de dólar por impulso. Bajo el compromiso que CANTV debía pasar a facturar todos sus servicios por minuto en el lapso de un año. Lo que al final estableció como costo de Interconexión 32 ctvs. de dólar el minuto. Esa fue la estructura de costos con la que se firmó el primer contrato de interconexión entre CANTV y la naciente Telcel.

El modelo de Calling Party Pays quedó grabado para la historia en la firma de ese contrato de interconexión, que por cierto se elaboró antes de la subasta ya fue una condición de todos los interesados en la licitación, el tener previamente un acuerdo de interconexión establecido con el incumbente, es decir con CANTV, para poder participar. Esta es la historia de los famosos 32 ctvs. por minuto del primer contrato de interconexión firmado con estas características a nivel mundial y que se mantuvieron a pesar de las reticencias de CANTV hasta la apertura del 2000.

Por supuesto el hecho de que el servicio se haya iniciado como parte de la estructura de la red de larga distancia nacional generó dos eventos importantes. El primero es que si la red móvil era vista como un ANC se volvía imposible trasladarle al usuario un costo de larga distancia por llamar a otro usuario móvil que estuviese en una localidad distinta, es decir cobrar un «extra por minuto» a un cliente móvil que llamaba desde Caracas, por ejemplo, a otro que estuviese en Maracaibo. Esto lo ratificó CONATEL en el año 2002 con una providencia administrativa que impide el cobro de larga distancia a los usuarios de las redes móviles y el segundo evento es el prepago.

El Móvil Prepagado y el Operador Móvil Virtual dos inventos nacionales

La figura del Calling Party Pays le permitió a Telcel alcanzar, en 1993, los abonados que aspiraba lograr para el año 2000, conforme a su plan de negocios original. Entre los primeros impactos que tuvo el servicio es la prematura muerte al servicio de «pagging» o «buscapersonas».

También fue esa figura la que llevó al empresario Cisneros a considerar el uso de un servicio de prepago basado en una tarjeta cuyo valor facial era un saldo para llamar. En 1993 solo existían dos experiencias prepago en el mundo, una en Italia y otra en Sudáfrica, ambas desarrolladas sobre redes GSM, el saldo estaba asociado a la SIM Card y el servicio era «Mobile Paring Pays»

Pero la idea de lanzar al mercado un servicio con una tarjeta con un valor facial o saldo, representado mediante un pin, que era cargado desde un IVR[164] se diseñó en Telcel tomando ventaja de un evento asociado al Calling Party Pays: la relación de tráfico entre la red fija y la móvil era de diez a uno y el efecto de ese tráfico eran los ingresos generados por interconexión.

Tan desproporcionada relación de tráfico entre el fijo y el móvil, permitía que la originación de llamadas de CANTV terminadas en Telcel, alcanzase más de treinta por ciento del ingreso de Telcel, lo que facilitaba masificar el servicio móvil. El operador móvil podía ganar dinero no solo con las llamadas que efectuaba el cliente móvil sino con las que este recibía y al ser un cliente de prepago se eliminaba la necesidad de mecanismos bancarios para residenciar los pagos de los consumos posteriores también conocido como pospago una modalidad existente en el fijo donde se sabe dónde está el cliente, pero en el móvil sin una tarjeta de crédito o un análisis de crédito es difícil controlar la morosidad y el cobro

De esta manera, en la modalidad de prepago, el cliente avanzaba un pago por una cantidad de minutos que debía ejecutar en un mes. Si se quedaba sin saldo continuaba generando ingreso por las llamadas que recibía que eran pagadas como interconexión por quien lo llamaba

En diciembre de 1993, con una agresiva campaña de mercadeo, Telcel y Motorola lanzan el servicio de prepago. Las ventas se

---

[164] IVR: Interactive Voice Response o Sistema interactivo de respuestas de voz.

dispararon de tal manera que la red del operador móvil colapsó, lo que los obligó a suspender temporalmente las ventas. La exitosa campaña convirtió a Telcel en líder de participación del mercado.

La respuesta de Movilnet no se hizo esperar y para competir en el naciente mercado de prepago creó tres operadores móviles virtuales «MovilAmigo», «Movilya» y «MovilPlus», franquicias creadas para que tres asociados comerciales ofreciesen un producto prepagado. En esos años la CANTV y su operadora internacional GTE preponderaban el fijo sobre el móvil y el servicio pospago sobre el prepago.

Aunque comercialmente Movilnet no pudo alcanzar a Telcel, sentó las bases para este tipo de sistemas. Para 1996 la filial de CANTV recogió los tres servicios virtuales, pero la huella de que era posible hacerlo quedó marcada para siempre. En la actualidad estructuras similares compiten con este modelo en todo el mundo e incluso empresas de TV por cable lo ofertan como parte de su solución integrada de paquetes de servicios.

Tanto el Calling Party Pays como el prepago y las experiencias virtuales de Movilnet, recogen hechos emblemáticos cuyos resultados fueron bastantes disruptivos en lo que a la industria se refiere y por encima de todo son la expresión de lo que se puede hacer en Venezuela. Es una vitrina de nuestras capacidades, parte de esa memoria que necesitamos tener viva y presente. Pensemos solo por un momento que fue en agosto del 2008 cuando país México abandonó la modalidad del «Mobile Paring Pay» para entrar de lleno en el «Calling Party Pays,» algo que nosotros ya hacíamos desde el mismo año 1988.

Como datos finales. En aquellos años se comentaba que tal como había ocurrido el en 1960 con Diego Cisneros cuando el Presidente de la República de Venezuela, Rómulo Betancourt le propuso a que asumiese el reto de comprar a la quebrada Televisa, que a la postre se convertiría en Venevisión; el Presidente Carlos Andrés Pérez le propuso a Oswaldo Cisneros, un sobrino de este, que asumiese el reto de participar en la subasta de la telefonía móvil celular y aun cuando en ambos casos los dos empresarios admitieron sus temores por no conocer el negocio. Ambas experiencias resultaron tremendamente exitosas.

A la subasta de la banda A, se presentaron cinco ofertantes. Los dos grupos Cisneros, Gustavo y Oswaldo que por cierto quedaron en primero y segundo lugar en la subasta. Del lado de Oswaldo Cisneros confluyeron además BellSouth, los empresarios Nelson Belfort, Ricardo Baquero y Arnoldo González, todos pioneros del sector telecomunicaciones en Venezuela.

Del Plan Caracas de CANTV al plan cien días de Henrique Capriles[165]

La historia del Plan Caracas

Como ya mencioné en los meses previos a la privatización de CANTV, una de las actividades que más tiempo consumió a muchos de los profesionales que laborábamos en la empresa, fue la elaboración de los Anexos Técnicos del Contrato de Concesión de CANTV, que no eran más que el establecimiento de metas en la operación, para asegurar que el nuevo concesionario no se aprovechase de la condición monopólica, de la que iba a disfrutar en la telefonía fija por diez años, sin efectuar mejoras en el servicio e inversiones en la expansión de la red que le permitiesen a la CANTV alcanzar estándares internacionales de calidad, que fue la oferta hecha a los venezolanos para privatizar ese activo nacional.

Las metas establecidas iban desde: puntualidad en la entrega de las facturas; la obligación de entregar el detalle de las llamadas de larga distancia nacional; reparar el setenta y dos por ciento de las averías antes de las veinticuatro horas; ofrecer el tono de discar en menos de tres segundos; recibir la atención de una operadora antes de seis segundos, esto refiere a los servicios de averías (115), Información (113) y Operadora de Larga distancia Internacional (122); instalar en promedio doscientas mil nuevas líneas por año y

---

[165] Candidato opositor, elegido en primarias, para enfrentar al presidente Hugo Chávez en las elecciones del 2012.

completar las llamadas locales en al menos en el noventa por ciento de los intentos, las de larga distancia nacional en el setenta y cinco por ciento y las internacionales en cincuenta y cinco por ciento. En los anexos se estableció que estos indicadores serían supervisados por CONATEL como ente regulador de las telecomunicaciones para garantizar su desempeño.

El incumplimiento de dichas obligaciones podía representar desde sanciones económicas hasta la perdida de la concesión. Las metas establecían la construcción de indicadores que debían ser revisados trimestralmente, para garantizar, entre otras cosas, un ajuste trimestral por inflación de las tarifas del servicio básico. Recuérdese que a partir de 1983 en Venezuela los servicios públicos en Venezuela, empezaron a quedar rezagados en tarifas que cubriesen sus costos de operar el servicio. Esta visión llegó a alcanzar al precio de la gasolina y se acentuó a partir del año 2000 con la revolución de Chávez.

El ajuste tarifario también llevaba implícito un rebalanceo en los precios de los servicios de la telefonía para eliminar los subsidios cruzados. En ese momento las llamadas de larga distancia nacional e internacional, subsidiaban a las locales y los servicios de telefonía empresarial subsidiaban a los de hogar.

La intención era sincerarlos para que llegado el fin del régimen de exclusividad se pudiese establecer en modelo de competencia en cada uno de esos servicios, al tiempo de que se trataba de garantizarle al tejido empresarial del país de soluciones de servicio sin tanto impacto en sus costos. Las telecomunicaciones son vitales para la competitividad de una empresa y sus precios no pueden ser tales que le impidan mejorar sus procesos internos, impactados la tecnología, debido a que los servicios de telecomunicaciones que recibe tienen tarifas cuyos costos no guardan relación con la eficiencia del servicio sino con un modelo de subsidios.

En enero de 1992, la recién privatizada CANTV para cumplir con los objetivos de calidad del primer año, anuncia el denominado «Plan Caracas» cuyas acciones referían a un conjunto de proyectos que la nueva administración pensaba llevar a cabo durante los primeros ciento veinte días de gestión para presentar una nueva empresa.

Los objetivos del plan eran bien claros: presentar un compromiso empresarial de resultados de cara los clientes; mejorar la motivación interna de los empleados y alcanzar los objetivos de calidad, impuestos para el primer año, durante los primeros tres meses. Esto último era todo un desafío.

Muchos de los que trabajamos en el diseño de los indicadores de los Anexos Técnico del año 1991, posteriormente nos vimos envueltos en la responsabilidad de alcanzarlos, ahora desde nuestras posiciones gerenciales y en lo personal a mi unidad le tocó la gestión de los indicadores referentes al área de conmutación, donde aspirábamos alcanzar niveles de completación de llamadas locales por encima del ochenta por ciento y nacionales e internacionales por encima del cincuenta por ciento; igualmente debíamos asegurarnos que la demoras en el tono de discar, en hora pico llegase a menos de tres segundos y cumplir con las metas de instalación de nuevas líneas y reparación del setenta por ciento de las averías de clientes en menos de cuarenta y ocho horas.

Se trataba de exigencias en extremo ambiciosas y de gran complejidad, tomando en cuenta el estado de la red; la motivación interna y la incertidumbre; la presencia de más de cien asesores de GTE persiguiendo cada uno de los proyectos, la mayoría de los cuales no hablaba español; la conflictividad política interna de sectores de izquierda que no veía con buenos ojos la presencia de gerentes norteamericanos y los miedos, muchos de ellos infundados, de muchos mandos medios y de supervisión de ser despedidos. Todo mezclado en un coctel de cambios organizacionales profundos. Era necesario cambiar a la empresa y su cultura. Personalmente estoy convencido de que la presencia de Bruce Haddad en la presidencia de CANTV fue determinante para alcanzar tan increíbles resultados.

El plan se focalizó en los siguientes puntos: realizar la transferencia de veinte mil líneas analógicas paso a paso a su equivalente en líneas digitales, en ese orden fueron migrados los clientes de la centrales analógicas de La Florida y los Jardines del Valle[166];

---

[166] Tanto en la Central de La Florida como en los Jardines del Valle se colocaron dos furgones suplidos por AT&T, instalados en el área de estacionamiento. Lo que obligó a construir eslabones hasta el Distribuidor Principal, ambos en el piso uno del edificio para conectarse a la red de planta externa (cobre).

recuperar cuarenta por ciento de la interconexión intracentral, que en ese momento se encontraba inoperativas por problemas de mantenimiento o falta de repuestos tanto en la planta analógica como en la planta digital; recuperar los enlaces fuera de servicio en los anillos de radio digital y fibra óptica de Caracas y rediseñar todos los encaminamientos entre centrales para reducir la congestión, que en horas pico forzaba a un cliente a realizar hasta cinco intentos de llamadas a un mismo número para poder comunicarse y que a su vez ocasionaba un efecto conocido como «Trafico Artificial[167]» y demoras en la obtención del tono de discar de hasta veinte y treinta segundos en hora pico.

Para reducir el promedio del tiempo de reparación de fallas de más noventas horas, en el noventa por ciento de los casos, a menos de cuarenta y ocho horas, se hizo un esfuerzo de planta externa[168] y se concluyeron todos los proyectos que planteaban migrar los antiguos cables con cobertura de plomo-papel a una tecnología más avanzada denominada plástico-gel donde la presurización no era un aspecto tan crítico que además iban directamente desde la central telefónica hasta el edificio para eliminar los

---

[167] Refiere al uso de circuitos conmutación sin que realmente sea efectivo y en consecuencia genera congestión, debido a la ocupación de canales sin que realmente se haya establecido la conversación.
[168] La planta externa refiere a la red de cobre que permite que el cliente tenga un par telefónico en casa, también conocida como red de acceso o última milla. En la actualidad se emplea fibra óptica para llegar a la casa.

armarios de distribución que introducían focos de avería y por último se recuperó y mejoró todo el sistema de presurización de cables.

Es buenos resaltar que en ese momento las averías reportadas por los clientes, al servicio de averías[169] era de tres por día y para las cifras que nos habíamos propuesto era necesario llevarlo a menos de quinientas.

Para medir y gestionar las congestión en las llamadas, se instaló en cada central telefónica un sistema de medición de tráfico llamado el MCOR, un computador que corría un programa de llamadas a múltiples contestadores automáticos colocados en cada una de las centrales telefónicas de CANTV a nivel nacional. El comportamiento de llamadas quedaba registrado, era analizado por ingeniería de tráfico y generaba un reporte de en cuales puntos de la red estaban los mayores atascos a fin de indagar las causas.

En pocas palabras el MCOR registraba lo que sufría el cliente a la hora llamar a algún destino lo que permitía descubrir los cuellos de botella en la red telefónica y en que instantes del día la demora del tono de discar podía ser más de tes segundos.

Los avances de la CANTV privada

Los resultados del Plan no tardaron verse, al concluir los primeros ciento veinte días CANTV comenzó a ser percibida como

---

[169] «el 15», que a posterior pasó a ser el 115.

una empresa donde «*el cambio se estaba escuchando*». De allí en adelante continuaría mejorando para llegar a digitalizar el noventa y cinco por ciento de la red en el año 2000 y empezar a ofrecer Internet con tecnología ADSL[170] también conocida con la marca ABA.[171]

Para el año 2004 CANTV había dado inicio al proceso de migración de su red digital basada en tecnología TDM[172] y de la planta analógica que aún mantenía, hacia redes NGN[173]. El primer paso de este cambio ocurrió en todo el sistema de llamadas internacionales que paso a estar basado IP[174], al que le siguieron la migración de la red local de treinta mil líneas analógicas que aún quedaban en Caracas y se incorporaron ochenta mil nuevas líneas, para un total de ciento treinta y cinco mil líneas completamente de nueva generación que igualmente significaba una modernización del servicio ABA; se implementó un anillo nacional de Metro Ethernet[175] para el transporte del creciente tráfico de Internet e

---

[170] La línea de suscriptor digital asimétrica (ADSL) es un tipo de tecnología de comunicación de datos que permite una transmisión de datos más rápida a través de líneas telefónicas de cobre. En CANTV fue bautizada como ABA o Acceso a Banda Ancha.
[171] Acceso a Banda Ancha.
[172] La multiplexación por división de tiempo (TDM) es una técnica que permite la transmisión de señales digitales y cuya idea consiste en ocupar un canal (normalmente de gran capacidad) de trasmisión a partir de distintas fuentes, de esta manera se logra un mejor aprovechamiento del medio de trasmisión
[173] Next Generation Network o redes nueva generación basadas en tecnología IP.
[174] Internet Protocol.
[175] Una Red Metro Ethernet, es una arquitectura tecnológica destinada a suministrar servicios de conectividad de datos

igualmente se llevaron la tecnología de Internet todas las interfaces las centrales digitales para conectarlas a la red de transporte MetroEthernet.

Para el año 2005, estaban funcionado las primeras centrales locales NGN con tecnología del fabricante chino Huawei y para finales del 2006 se había migrado el doce por ciento de la red de CANTV a esta tecnología y se encontraban en ejecución un veinte por ciento adicional.

La red de señalización número siete o también conocida como SS7[176], quedó solo para la interconexión con otros operadores, pero internamente la interconexión entre centrales pasó por completo al protocolo de Internet o IP. CANTV era de los primeros operadores regionales en dar estos pasos, incluso muy por encima de empresas como Telmex o Telefónica de Argentina. El plan que la CANTV presentó en el 2006 a su junta de accionistas, aspiraba haber migrado para el año 2010 toda su red a NGN.

A nivel de su recurso humano, CANTV exhibía, tal como en los años setenta, un plantel de ingeniería fuerte y presumía de tener el personal mejor remunerado del sector telecomunicaciones del país. De hecho, para un ingeniero recién egresado en las disciplinas de telecomunicaciones, informática y electrónica la empresa era su

---

[176] Sistema de señalización por canal común n.º 7 o SS7, es un conjunto de protocolos de señalización telefónica empleado en la mayor parte de redes telefónicas mundiales hasta el año 2000 cuando las telecomunicaciones empiezan a moverse a la tecnología que sustenta el Internet, el protocolo IP.

primera opción de trabajo. Todo esto lo hereda el Estado en 2007 cuando decide renacionalizarla.

De nuevo en manos del Estado

Para el año 2012, la misma empresa cuyos directivos mostraban como uno de sus más importantes logros «que los dividendos de la CANTV ahora se quedaban en el país», solo había logrado migrar a NGN un treinta por ciento del total la red incluyendo lo que ya había migrado la administración privada; setenta por ciento de su tecnología continuaba siendo TDM digital, y dentro de ese setenta por ciento se contabilizaban cuatrocientas veintidós centrales móviles analógicas del tipo Hitachi, alrededor de ciento cincuenta mil líneas, sin soporte de con respectivos fabricantes por encontrarse los equipos en condición «end of life[177]»; los equipos de IPTV[178] para ofrecer televisión sobre IP, a pesar de haber sido adquiridos en 2011 al fabricante chino ZTE seguían sin implementarse entre otras cosas por las bajas velocidades del servicio ABA derivadas de la mala calidad del servicio; la migración de los DSLAM[179] ATM[180] a DSLAM IP equipos concentradores para

---

[177] En fin de su ciclo de vida útil, lo que implica que el fabricante no ofrece repuestos y no se obliga a dar soporte.
[178] Televisión basada en IP.
[179] DSLAM es la sigla de Digital Subscriber Line Access Multiplexer, es multiplexor localizado en la central telefónica que proporciona a los abonados o suscriptores el servicio ADSL sobre el cobre, separando la voz y los datos de las líneas de abonado.
[180] Modo de transferencia asíncrona concepto de telecomunicaciones definido por las normas de las organizaciones ANSI y UIT para el transporte de una gama

atender el creciente tráfico de Internet que generaba el ABA estaba incompleta y el servicio Internet de CANTV pasó a ser el de más baja la velocidad de la región; la red UMTS[181] o de 3G de la filial Movilnet seguía sin consolidarse y no existía un plan de sustitución del sistema móvil basado en CDMA[182], tecnología 2G, lo que obligaba a la empresa a pagar royalties por patente a la empresa Qualcomm sobre una tecnología que estaba de salida en el mercado.[183]

Tal como a finales de los ochenta, la empresa volvía a exhibir altos niveles de deterioro en sus indicadores de calidad, en particular en la moribunda red digital TDM, que representaba el setenta por ciento de sus abonados fijos; serias deficiencias en su red móvil; importantes deudas por cobrar con todos los organismos públicos y una total falta de innovación. Todos elementos de la incapacidad gerencial. Su administración estaba más preocupada por la

---

completa de tráfico de usuarios, incluidas las señales de voz, datos y video, fue el predecesor de la tecnología IP sin uso en la actualidad.

[181] El UMTS (Universal Mobile Telecommunications System o Sistema Universal de Telecomunicaciones Móviles) es una tecnología móvil de la llamada tercera generación (3G), sucesora de la tecnología GSM (Global System for Mogile) o 2G.

[182] La multiplexación por división de código, acceso múltiple por división de código o CDMA es un término genérico para varios métodos de multiplexación o control de acceso al medio basados en la tecnología de espectro expandido. Fue la ruta escogida en Estados Unidos y por la mayoría de los operadores latinoamericanos para el móvil y reemplazada por el GSM. Movistar Venezuela apagó su red en 2012.

[183] La mayoría de los operadores móviles de la región había migrado a GSM, pero CANTV había destinado su red CDMA para ofertar un servicio fijo inalámbrico y no tenía un plan para migrarla.

actividad política que por el negocio. La renacionalización solo exhibía como resultado la palabra «fracaso».

En adición, para el año 2012 CANTV presentaba una preocupante descapitalización de su recurso humano, en unos casos por despido «se les consideraba personas no afines al proceso», en otros por una actitud marcadamente clientelar a la hora de las promociones a cargos gerenciales y de supervisión y por temas igualmente clientelares la nómina aumentó de siete mil a quince mil empleados y sus jubilados pasaron de seis mil a once mil sin muchas explicaciones de porque este incremento[184].

La política estaba la orden del día[185] y en los diarios oficialistas algunos de sus articulistas de opinión exigían «el despido de CANTV a todos aquellos trabajadores que fuesen opositores» y por primera vez, desde que se implementó el plan médico para los jubilados de la empresa (años setenta), las cuatro clínicas más importantes del país se negaban a atenderlos por dificultades de pago por parte del servicio administrado de salud de CANTV y la negativa a aceptar el «baremo socialista de precios» aplicable a las clínicas y hospitales privados.

En el 2012 se entregaron unos de los más altos dividendos pagados por la CANTV al Estado y sus resultados financieros claramente indicaban que estos se hecho a costa de sacrificar los

---

[184] Al año 2020 las cifras «no oficiales» hablan de diecisiete mil trabajadores activos y veinticuatro mil jubilados.
[185]

planes de futuro de la empresa. Cinco años después de su nacionalización la «CANTV socialista» era menos eficiente que la empresa privada y sus utilidades eran a expensas de frenar sus inversiones, castigar su nómina y desatender los planes sociales con empleados y jubilados a los que estaba obligada.

Todo esto se conjura en un escenario tecnológico donde las telecomunicaciones habían cambiado por completo las redes empezaban a migrarse al software; los sistemas móviles eran los dominantes y a nivel mundial la industria se preparaba para dar el salto cuántico al 4G y a las aplicaciones en la nube.

Así las cosas en un momento en el cual los grandes operadores se estaban reinventado, CANTV se encontraba atrapada entre la oscuridad y la ineficiencia y su gerencia se sentía orgullosa de gestionar dos satélites[186] que a la postre nunca dieron resultados; haber realizado un tendido de fibra óptica a Cuba, que solo ha beneficiado a ese país, y el inicio de la construcción de una red de transporte auspiciada por con los recursos del Fondo de Servicio Universal[187] de CONATEL sin ningún resultado.

---

[186] Satélites Simón Bolívar y Francisco de Miranda.
[187] Conjunto definido de servicios de telecomunicaciones que los operadores está obligados a prestar a los usuarios y usuarias, para brindar estándares mínimos de penetración, acceso, calidad y asequibilidad económica, con independencia de la localización geográfica.

Al igual que en 1988 una de nuevo una empresa politizada que nuevamente olvidaba a sus clientes y dejaba a la deriva proyectos de tanto impacto social como el «Canaimita[188]».

El Plan de cien días de Henrique Capriles

Para la campaña presidencial del año 2012 una de las preocupaciones de los que nos incorporamos a trabajar en su plan de gobierno de telecomunicaciones era tratar de lograr que la CANTV retomase su camino de eficiencia empresarial, lo que hacía necesario profesionalizar nuevamente su gerencia, mejorar su desempeño competitivo y retomar sus planes estratégicos.

Como empresa, por su tamaño y trayectoria, aun dictaba la pauta del sector de telecomunicaciones y para los principales actores del país existía plena consciencia de que una, CANTV deficiente hacía que el desempeño nacional de un sector tan estratégico para la nación fuese igualmente deficiente; por el contrario, una empresa competitiva insertaba competitividad en el sector lo que se traduciría en beneficio para la sociedad venezolana.

Como candidato Henrique Capriles le había exigido a todos su colaboradores en todos los ámbitos de la vida nacional, tener

---

[188] Proyecto que alcanzó a dotar cerca de cien mil unidades de ordenadores infantiles. Su finalidad es la satisfacción del propósito de integración nacional, la maximización del acceso a la información, el desarrollo educativo y del servicio de salud y la reducción de las desigualdades en materia de acceso a los servicios de telecomunicaciones para la población. Entre los servicios que se incluyen en esta modalidad se encuentran los de telefonía pública fija y acceso a Internet.

listo un plan para los primeros cien días de gobierno con el cual iniciar un proceso de recuperación. Se trataba de demostrar que podíamos hacer las cosas mejor, con eficiencia y de una manera más inclusiva.

De haber ganado Henrique Capriles las elecciones del año 2012 el «Plan de Cien Días para CANTV», que debía comenzar el 8 de octubre de ese mismo año, tenía las siguientes acciones:

    a) Recuperar el treinta por ciento de la interconexión Intracentral, tanto de la red digital TDM como de la red NGN, en ese momento fuera de servicio, en el primer caso por falta de mantenimiento, carencia de repuestos y bloqueos de elementos troncales en las centrales digitales y en el segundo caso por problemas de equipos bloqueados debido a fallas de calidad de servicio, tales como pérdidas de paquetes y otras incidencias reflejadas en los puertos de los nodos UMG[189] usados en la interconexión, con los cuales el ochenta por ciento del tráfico que accedía a la red de transporte MetroEthernet.

    CANTV presentaba un alto índice de congestión y otros problemas derivados de la fata de mantenimiento preventivo y acción gerencial.

---

[189] Se refiere a Unidades de MediaGateway mejor conocidas como UMG.

a) Llevar la velocidad mínima de Internet, a dos megabits por segundo (Mbps) y colocar a Venezuela, al menos al nivel de países como Panamá[190], lo cual obligaba a ampliar la capacidad del transporte de Internet en un treinta por ciento.

b) Incrementar la capacidad de la red de transporte para mejorar los indicadores de servicios de Internet y la calidad de servicio de Movilnet, cuyo tráfico móvil estaba integrado a la red de CANTV.

c) Elevar la capacidad de los radios de la red de acceso NGN de treinta y cuatro Mbps al menos a ciento cincuenta Mbps. Por problemas de pago de licencias a Huawei esto se había convertido en un cuello de botella para el servicio de Internet. Actualmente en muchos de los nodos de acceso NGN, las velocidades de estos radios conspiran con la calidad de servicio del Internet.

d) A nivel de proyectos mayores, generar la migración de al menos veinte mil líneas de planta analógica y que aún estaban operativas. Sonaba increíble, pero luego de cinco años de su renacionalización la CANTV era el único operador en la región que mantenía tecnología de mediados del siglo XX.

---

[190] En 2021 CANTV presentaba uno de los peores servicios de Internet de la región, solo por encima de Bolivia y Haití

e) Generar el compromiso de darle conectividad inalámbrica de datos a las cien escuelas donde se concentrase la mayor cantidad de alumnos con computadoras canaimitas, parte de un modelo de inclusión digital. La meta final del programa de gobierno era que luego de cinco años no existiese un solo centro escolar, público o privado, sin conectividad a Internet y que nuestro nivel de informatización alcanzase la cifra de un computador por cada tres niños.

f) A nivel de planta externa recuperar de nuevo el sistema de presurización, reducir el pendiente de fallas y establecer un plan de acción de mantenimiento en la red primaria por averías concentradas en la red central de cobre, el objetivo era reducir drásticamente el número de averías y mejorar el desempeño de la red de acceso ADSL. Esto pasaba por mejorar el deficiente sistema de reparación desarrollado por CANTV en el que empleaba empresas socialistas o cooperativas. En el mediano pazo el plan era llegar con fibra óptica al hogar.

g) Integrar, en Movilnet y CANTV, la ejecución de proyectos de energía, transmisión, instalación e implementación de sistemas de radio, desarrollados de modo individual por cooperativas cuyas acciones descoordinadas se traducían en lentitud en los despliegues de nodos de nueva generación, estaciones bases y sistemas de radio o fibra y una incapacidad su mantenimiento.

h) Implementar sistemas de medición y mejorar la monitorización de la red de MOVILNET.

Y lo más importante: recuperar la motivación interna, derrumbada luego de cinco año de sectarismo político, maltrato y excesos verbales en una empresa que desde su nacimiento en 1937, tienen por misión ofrecer un servicio de telecomunicaciones de calidad para mejorar el nivel de vida de todos los venezolanos.

El plan de gobierno aspiraba a generar el compromiso de migrar la red de CANTV a NGN, en cuatro años tal como lo estableció su plan estratégico del año 2004. Se debe tener presente que para ese momento CANTV ya solo generaba el treinta y cinco por ciento de los ingresos totales consolidados; el otro sesenta y cinco por ciento provenían de MOVILNET, sin embargo en relación a sus costos la proporción era inversa de allí la importancia de dar todo estos pasos.

Asumíamos que la empresa no precisaba ser privatizada para dar estas respuestas y presentar un nuevo rostro en cien días, era solo un problema de capacidad y disposición gerencial y política. Además sosteníamos en ese momento que por ser el más importante operador del país debía ser el pilar de una agenda nacional de conectividad,[191] de allí la importancia su recuperación y que

---

[191] Agenda Digital

contase de nuevo con una gerencia profesionalizada y un recurso humano capacitado y motivado.

Mejorando su eficiencia operativa el objetivo final era devolverla de nuevo a la Bolsa de Valores de Caracas, en un mecanismo de inversión supervisado que impidiese las concentraciones de capital, garantizase un alto nivel gerencial y a la vez se convirtiese en un mecanismo de ahorro e inversión de un pequeño inversionista. Se trataba de retomar una parte del plan de 1991 para tratar de construir una empresa privada nacional.

Sigo pensando que los venezolanos nos merecemos un mejor país y un sector de telecomunicaciones de primer mundo donde nuestros ingenieros y técnicos no se vean forzados a emigrar buscando afuera las oportunidades que no encuentran en el suelo patrio.

CANTV año 2012: nuevos desafíos, nuevas oportunidades o el comienzo de la debacle

El 2012 fue de inflexión para CANTV. Muy a pesar de los esfuerzos del Gobierno nacional por presentarnos una empresa que podía entregarle importantes dividendos al país, ese mismo contrajo un importante endeudamiento para acometer planes de infraestructura. Lo que no ocurría desde el año 1984, cuando la empresa se endeudó por una cifra cercana a los seiscientos millones de dólares. Un esquema de financiamiento directo con sus proveedores Siemens, Ericsson y NEC para la adquisición de un millón de líneas digitales. Es decir CANTV tenía un plan de expansión a diez años en el que iba recibiendo una cantidad de líneas y amortizando de su caja, conforme a un plan de negocios, el endeudamiento contraído.

En esta ocasión, la empresa solicitó tres mil doscientos millones de dólares, para acometer sus planes de inversión de los próximos cinco años, al Bandes Venezuela, Bandes Brasil, Banco de Desarrollo de China y el Fondo Chino.

La diferencia entre los planes de endeudamiento de 1984 y 2012 es que, en el primer caso al país le fue presentado un plan de expansión de la red, por parte de la alta gerencia de CANTV, con los alcances y objetivos del mismo y como pensaba cumplir las obligaciones financieras con sus proveedores, compromisos de pago que iban de la mano de las entregas de líneas acordadas en el mencionado plan. Y aunque se contaba con el aval del Estado, esto nunca se tradujo en endeudamiento para la nación. Adicionalmente, como ya mencioné, una de las obligaciones impuestas al operador internacional que fuese a operar la CANTV era que asumiese el compromiso de esa deuda.

Por su parte el plan de inversión del año 2012, por cierto el último «plan conocido» de la empresa hasta la publicación de este libro, tenía como justificación «la urgencia de realizar obras y proyectos no ejecutados» frase poco entendible luego de cinco años de gestión estatal caracterizados por altos repartos de dividendos.

De esta manera se volvió todo un misterio descifrar ¿Cuáles planes pensaba acometer CANTV? ¿Con cuál prioridad? y lo más importante ¿Cómo es que una empresa que requería inversiones por el orden de los tres mil doscientos millones de dólares, había estado repartiendo dividendos, de la forma como lo hizo entre 2008 y 2011?, fechas en las que el presidente de la República presumía de «que ahora la CANTV le pertenece al pueblo.»

Al 2022 las interrogantes con respecto al desempeño financiero y de mercado de la CANTV continúan siendo un misterio y lo que se puede obtener de las pocas fuentes oficiales, entre ellas CONATEL y del último «Informe Anual» publicado por la propia empresa en el año 2012, son desalentadoras, donde quedan en evidencia las siguientes deficiencias relativas:

Marcada disminución de los ingresos por concepto de llamadas de voz desde la telefonía fija y los servicios de transmisión de datos.

Al igual que la mayoría de los operadores de telecomunicaciones, anteriormente dominantes o incumbentes, la CANTV a partir del año 2005 empezó a enfrentar una importante caída de sus ingresos, y por ende de su utilidades, en los denominados servicios de llamadas locales, larga distancia nacional y larga distancia internacional.

Adicionalmente experimentaba una caída en el ingreso de los servicios de transmisión datos, incluyendo los de acceso a Internet, mediante ADSL y conocidos en como ABA. Ver figura 1.

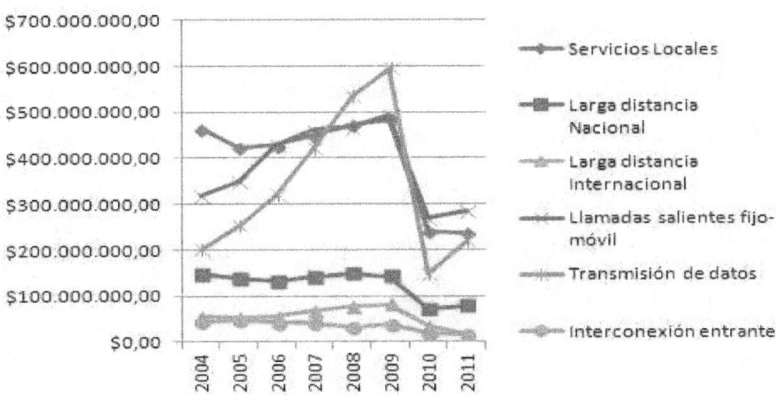

Figura1: Ingresos telefonía fija. Fuente informe anual de CANTV 2012.

Desde el año 2004, los balances oficiales de la empresa[192] reflejaban que los ingresos fijos de la CANTV venían mermando y pasaron en el servicio local de cuatrocientos sesenta y cuatro millones de dólares a doscientos treinta y seis millones de dólares en el 2012. La larga distancia nacional disminuyó, en ese mismo periodo, de ciento cuarenta y seis millones de dólares a setenta y siete millones de dólares y la internacional lo hizo de cincuenta y cinco millones de dólares a dieciséis millones de dólares.

Los servicios de transmisión de datos merecen un aparte especial. Estos ingresos, en un setenta por ciento, provenían de servicios prestados a corporaciones y empresas, los denominados grandes clientes, cuyo consumo estaba creciendo a consecuencia del uso intensivo del Internet en todas operaciones empresariales. Y efectivamente venían creciendo desde el año 2004, como parte de una estrategia de la corporación en el mundo de los datos y la conectividad. Esos ingresos pasaron de doscientos millones de dólares en el año 2004 a quinientos treinta y un millón de dólares en el 2008, llegando a representar el doce por ciento de los ingresos totales de CANTV.

A partir de la renacionalización los ingresos de datos comenzaron a experimentar un descenso y para el año 2011, habían caído a menos del seis por ciento del ingreso total de la empresa, aproximadamente doscientos dieciocho millones dólares que, en dólares

---

[192] Publicados como información para sus accionistas desde 1996 hasta 2012.

constantes, representaban menos ingresos a los que la empresa exhibía en este rubro en el año 2004.

Si analizamos cada uno de los servicios mencionados, podemos acotar lo siguiente:

A) En el caso de las llamadas de larga distancia nacional era una realidad que el fijo estaba siendo sustituido por móvil como consecuencia de los planes de tarifas planas para llamadas entre usuarios de un mismo operador móvil.

La penetración móvil, superior al noventa por ciento, permitían suponer que cada venezolanos disponía de una línea móvil y que varios miembros de una misma familia eran clientes de un mismo operador móvil. Por tanto si una persona quería hablar con un familiar fuera de su alcance geográfico hacía desde el móvil y no desde el fijo. Era un hecho que el servicio móvil estaba erosionado a la larga distancia nacional y siguiendo la ruta de la mayoría de los países con alta penetración móvil iba en camino a sustituir por completo al teléfono fijo.

B) En el caso de la larga distancia internacional la irrupción de la VoIP, también conocida como voz sobre IP o voz sobre el protocolo Internet, se había convertido en sustituto de ese servicio y venía haciendo estragos en el mismo. En 2011 el servicio de llamadas gratuito de Skype concentraba el cincuenta y dos por ciento del tráfico mundial de larga distancia. Algo que han venido acentuando la aparición de múltiples aplicaciones como WhatsApp, Telegram y otros servicios como los DID[193] reafirmado una tendencia que, sumada al fraude telefónico internacional y a la competencia entre operadores, en particular en el segmento empresarial, le venían arrebatando ingresos que, en el año 1988 representaba poco menos de veinte por ciento de sus ingresos totales.

C) En el caso de los servicios de datos desde el 2008 la empresa empezó a descuidar a sus clientes empresariales. Su principal foco pasaron a ser los entes gubernamentales, con los cuales la deuda por cobrar alcanzaba al año 2012 los cincuenta y cinco millones de dólares.

Para el año 2007 los servicios mencionados en los apartes A, B y C representaban la mitad del ingreso total consolidado de CANTV. La otra mitad la generaban Movilnet con los servicios móviles.

Estos cambios en la composición del ingreso, que ya para el 2008 representaban todo un desafío para todos los operadores a nivel mundial, en el caso de CANTV venían acompañados de

---

[193] DID significa Direct Inward Dialing y es un numero virtual que ayuda a que personas de cualquier parte del mundo puedan comunicarse con su empresa sin tener que pagar una llamada de larga distancia Internacional y el caso de empresas se combina con los servicio de PBX virtuales o aplicativos instalados en los ordenadores portátiles de sus empleados
.

aspectos como: falta de criterios gerenciales, el retorno del clientelismo, la descapitalización del talento humano y la baja productividad empresarial.

En pocas palabras la CANTV se había convertido en una empresa que «perdía ingresos y era incapaz de frenar esta caída».

Arreglárselas sin depender tanto de los ingresos de Movilnet.

Los ingresos por telefonía móvil significaron un gran alivio para CANTV, en particular ante la pérdida de ingresos, en los rubros ya mencionados y le servían como punto de amortiguación. Para el año 2012, según cifras del Informe Anual, la telefonía móvil representa el sesenta por ciento de los ingresos consolidados. Ver figura 2.

CANTV necesitaba reinventarse y una apuesta natural debió haber sido la construcción de fibra óptica hasta el hogar para incrementar el consumo de banda ancha y mantener en ingreso por hogar.

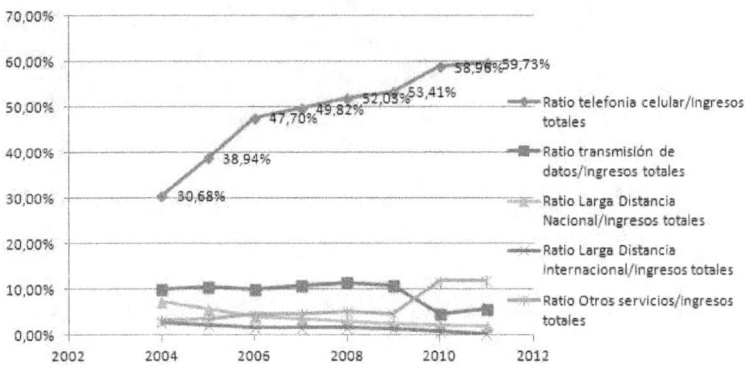

Figura 2: Impacto por servicio en los Ingresos Totales. Fuente, Informe anual de CANTV 2012

Intensificación de la competencia en el móvil y la banda ancha

Como operador CANTV además de enfrentar las pérdidas en el ingreso derivados de su debilidad estructural, se enfrentaba a una feroz competencia en los servicios móviles y de banda ancha residencial donde empezaba a perder participación de mercado, de manera acentuada en el servicio móvil.

Para el año 2012 Movilnet detentaba el cuarenta por ciento del mercado de telefonía móvil. Para fines del año 2020 Movilnet alcanzaba escasamente el once por ciento del total de la participación de mercado ver figura 3.

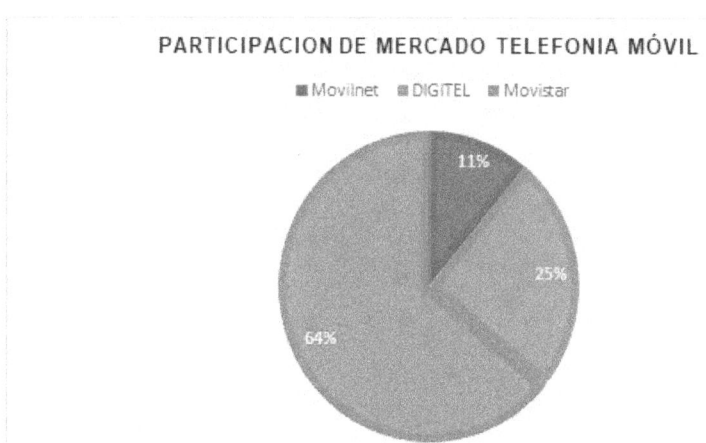

Figura3. Participación del mercado de telefonía móvil fuente CONATEL

Lo que da una idea de la magnitud del problema por el que atraviesa la corporación estatal en cuanto a competitividad, participación de mercado e ingresos. La única explicación posible es para esta caída es la mala calidad del servicio.

En cuanto al Internet residencial, otro componente de los ingresos de datos y en donde CANTV detentaba el noventa por ciento de los accesos en 2004, su participación actual es del sesenta y siete por ciento. El hecho de que el servicio ABA ofrecido por CANTV tuviese una velocidad superior a los cuatro Mbps, empezó a generar una migración al servicio móvil de datos (Modem USB), un beneficiario de esto fue DIGITEL, a la que le siguen la silenciosa competencia de las empresas proveedoras de televisión por cable que, a partir del año 2020 empezaron a ofertar sus servicios en dólares restándole clientes a una inoperante CANTV.

Ver figura 4.

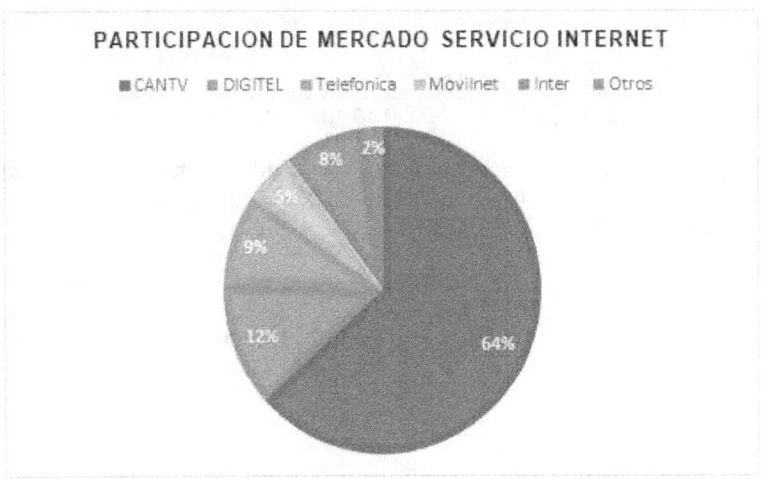

Figura 4 Participación de mercado del servicio Internet. Fuente CONATEL

Mejorar los costos de operar la red.

Desde el año 2004 hasta el año 2008, los costos de operación en promedio representaban el veinticuatro por ciento de los ingresos totales. Del 2008 al 2011 la cifra empezó a incrementarse en promedio tres puntos por año para situarse entre el veintinueve por ciento y treinta y dos por ciento de los ingresos totales. Entre las explicaciones para este aumento se encuentran la falta de modernización de la red y un abultado crecimiento de su nómina.

Los beneficios y costos laborales merecen otra especial atención. Para el año 2004, cuando la CANTV estaba considerada como la empresa con los mejores salarios del sector, su nómina alcazaba los trescientos ochenta y nueve millones de dólares por año. Para el año 2011 esa cifra casi se cuadriplica y pasa a ser de un mil cien millones de dólares.

Pese a estas cifras no hubo ninguna mejoras en los salarios o incremento en los incentivos para retener y atraer talento bien formado; por el contario a partir de su nacionalización y al menos hasta el año 2011 ingresaron cinco mil nuevos trabajadores para llevar la nómina de siete mil trabajadores a más de once mil[194].

---

[194] Nota: En estos montos no estamos considerando el costo de los jubilados de la empresa.

Extraoficialmente, para el año 2020 la empresa tenía en nómina a diecisiete mil trabajadores y veinticuatro mil jubilados y enfrentaba un reclamo por el incumplimiento de la homologación de las pensiones de sus jubilados, a la que está obligada por una sentencia de la Corte Suprema de Justicia.

Crecen los costos y caen los ingresos.

Al igual que otros operadores establecidos, CANTV debió haber concluido su plan de migración de la red a NGN en el año 2010 e iniciar una transformación a IMS[195] para el siguiente año, construir un modelo convergente entre fijo y móvil.

Cada año de retraso en esta migración afectó a la empresa en cerca de un doce por ciento la estructura de costos de operación y mantenimiento[196] y minimizó su capacidad para generar nuevos ingresos debido a la oportunidad de ofertar de nuevos servicios basados en la nueva tecnología.

---

[195] El ***IMS*** (subsistema multimedia IP) es una arquitectura en evolución diseñada para crear redes estandarizadas, simples y escalables que permitan implementar la convergencia fijo móvil y preparar al operador para ofrecer servicios convergentes.

[196] Datos empíricos tomados de la experiencia internacional de otros operadores de telecomunicaciones como Telecom Italia que hablaban de reducciones en sus costos de operaciones del doce por ciento, por haber implementado redes de nueva generación

¿Cuáles son las prioridades que debería acometer CANTV?

Desde su renacionalización en 2007 y hasta 2011, las inversiones de CANTV estaban en promedio en los trescientos ochenta millones de dólares por año, y que salvo en el año 2011 que alcanzaron los cuatrocientos setenta y un millón de dólares[197], a partir del año 2012 esta cifra empezó a decrecer. La realidad es que hasta el año 2021 la CANTV no había desarrollado ninguna actividad para compensar la caída del ingreso, desarrollar nuevos servicios o reducir sus costos de operar la red.

Y que se refleja en los siguientes aspectos: los servicios de telefonía fija basados en tecnología CDMA se mantuvieron hasta el 2018 y al 2022 el servicio ABA continúa siendo el ADSL de primera generación; seguía sin implementarse el servicio de IPTV adquirido en 2008 y salvo un piloto en Guarenas no había un importante despliegue de redes FTTH[198] para reemplazar el cobre y poder competir con los proveedores de televisión por suscripción que ya ofrecían Internet sobre fibra Óptica.

Las prioridades

A partir del año 2012 CANTV debió enfocarse en las siguientes prioridades:

---

[197] Cifra solo cien millones de dólares por encima a la de su principal competidor la empresa Movistar.
[198] La tecnología de telecomunicaciones FTTH, también conocida como fibra hasta la casa o fibra hasta el hogar.

Primera prioridad: Lograr un crecimiento rentable en los denominados mercados de convergencia que impactan a tres conjuntos de servicios:

a) Los servicios de IT o aquellos que requieren interconexión con redes corporativas, Internet y la integración de soluciones de hardware y software e intentar desarrollar soluciones orientadas a IoT[199], servicios Cloud del tipo IaaS[200] y su integración con aplicaciones y contenidos para dispositivos móviles. CANTV necesita volver a desarrollar las competencias empresariales necesarias para cubrir indicadores de competitividad internacional.

b) El segundo mercado de convergencia está compuesto por el despliegue con calidad de la banda ancha y sus servicios conexos como el IPTV y el OTT[201] para video.

La administración del Estado ha sido demasiado lenta en difundir el acceso masivo a banda ancha a alta velocidad, por lo que debe hacer énfasis en desplegar rápidamente una red de acceso que garantice velocidades de por lo menos veinte Mbps, comprometiéndose a incrementar esta velocidad semestralmente hasta alcanzar los cien Mbps en el hogar.

---

[199] Internet of Things.
[200] Infraestructura como servicios o servicios de Centros de Datos.
[201] Over The Top.

c) Desplegar una red de transporte que quintuplique la capacidad de tráfico que actualmente gestiona y que sea la columna vertebral del sector de telecomunicaciones para un proyecto de conectividad nacional y una Agenda Digital.

d) El último componente de los mercados de convergencia es la movilidad. Además de consolidar el 4G en su red de telefonía móvil y prepararla para el 5G, debería enfocarse en un masivo despliegue de redes Wifi que soporten la movilidad y la hiper-conectividad de cara al IoT y las redes Wifi 5G.

Segunda prioridad: maximizar el retorno que origina su negocio tradicional de telecomunicaciones, para ello es importante: migrar toda de su red fija y móvil a un core convergente; desplegar proyectos de fibra óptica hasta el hogar, al menos en las principales ciudades del país, para ir sustituyendo la red de cobre por fibra óptica o redes de acceso inalámbricas de 5G; mejorar sus indicadores de calidad y reducir sus costos de operación y mantenimiento.

Tercera prioridad: Desarrollar una Unidad de Investigación y Desarrollo como herramienta para enfrentar los diversos desafíos competitivos que tiene por delante apostándole con fuerza a la innovación, algo que debería ser considerado por CANTV como parte importante de sus planes de futuro.

Estas tres prioridades deben ir acompañadas de:

- Un plan social que le dé cobertura a todas las escuelas del país.
- Una gestión más eficiente de las tarifas,
- Una atención a su talento humano, el rescate de la meritocracia y la profesionalización de su gerencia.
- Una reingeniería financiera para atender el conflicto de los jubilados, que ha dejado un sabor amargo para la CANTV socialista.[202] Para el año 2012 era posible, con una equilibrada combinación entre sus dividendos y la creación de un moderno fondo de retiro financiado por los trabajadores activos, la empresa y los propios jubilados, darle una respuesta a este problema. Al 2020 luce imposible resolver este problema sin que el Estado asuma este compromiso.

Ha existido mucha torpeza por parte del ejecutivo y las autoridades de CANTV para manejar ese conflicto. Todos los operadores establecidos, es decir los antiguos e históricos monopolios de Europa y Estados Unidos tienen jubilados y ninguna de estas empresas exhibe conflictos como el que experimenta la empresa fundada por Félix Guerrero.

---

[202] Entre los años 2004 y 2007 empresa tenía provisionados quinientos cincuenta millones de dólares para atender la sentencia 816 del Tribunal Supremo que la obligaba a homologar las pensiones de sus jubilados. A partir del año 2008 una vez que la empresa regresa al estado, dejó de provisionar este monto en sus balances.

Una cosa es clara, desde su renacionalización en 2007 y hasta el año 2015, la empresa estuvo otorgando dividendos para cubrir las deficiencias de otros entes gubernamentales, si a ello le agregamos los factores políticos, económicos y sociales que agobian a Venezuela hoy, CANTV está muy cerca de ser financieramente inviable.

El país necesita un cambio y CANTV y su sector telecomunicaciones una reingeniería. Una gran diferencia con lo vivido en 1991 es que en el presente la empresa no es más un monopolio, existen otros jugadores que han venido tomando ventaja de su ineficiencia.

Notas
- BANDES: Banco de Desarrollo es una Empresa Pública venezolana, hoy sancionada por el Departamento del Tesoro de los EE.UU., que está asociado con el Ministerio de Finanzas. Sirve como un banco centrado en la financiación de proyectos que contribuyan con el desarrollo de Venezuela. Fue fundado en el año 2001. Cuenta con filiales en Venezuela, Uruguay, Brasil y Bolivia
- Fondo Nacional de cooperación Chino: Fondo de Cooperación Binacional para el financiamiento de proyectos en Venezuela y está formado por aportes del Banco de Desarrollo Chino (CDB) y del Fonden. Su objetivo es "financiar proyectos en Venezuela en las áreas de infraestructura, agricultura, energía, minería y petroquímica y otras que impulsen el desarrollo económico y social de la Nación". Los fondos son administrados a través del Bandes, se reciben de China por bloques en dólares y yuanes. Hasta junio de 2013 el gobierno de Venezuela había manejado 36.000 millones de dólares en total provenientes del Fondo Chino, una parte de ellos en yuanes que se utiliza para cancelar a las empresas chinas que son parte de los proyectos, así como la importación de equipos desde China.

El equilibrio entre el uso del espectro[203] y la convergencia: Los desafíos de Venezuela

El avance del proceso de convergencia entre los sectores de telecomunicaciones, informática y radiodifusión presenta múltiples desafíos para el sector telecomunicaciones. La complejidad de los mismos tiene por raíz diversos fenómenos asociados con la propia convergencia tales como:

- El desvanecimiento de las fronteras entre mercados anteriormente separados de modo vertical y por lo tanto ordenados bajo diferentes principios regulatorios[204].

- La consolidación del sector que estimula el proceso de convergencia, así como la aparición de entrantes no tradicionales, lo que obliga a repensar los instrumentos tradicionales de ordenamiento del mercado, en particular si se toma en cuenta que pese a que la regulación a nivel mundial ha estado muy preocupada por las inversiones en la infraestructura de redes y en la competencia en dichas infraestructuras, en la práctica ha venido ocurriendo que la competencia se ha estado moviendo del lado del acceso.

---

[203] Espectro Radioeléctrico a la porción del Espectro Electromagnético ocupado por las ondas electromagnéticas de radio, o sea las que se usan para telecomunicaciones.

[204] Refiere a servicios como la telefonía fija, telefonía móvil, el Internet, la televisión cada uno regulado por separado y que la convergencia ha integrado. Por ejemplo Netflix en un servicio de entretenimiento nacido de la convergencia al igual que lo es WhatsApp como sustituto de la voz.

- La creciente importancia de los nuevos servicios de información y comunicación para el desarrollo económico y social que exigen repensar los modelos bajo los cuales el estado busca nivelar las oportunidades de acceso a dichos servicios.

- Por último la importancia del espectro como factor determinante para promover eficientemente la competencia y garantizar la convergencia, sobre todo de cara a la revolución que introducirá el 5G.

Si bien existe consenso acerca de los desafíos que presenta la convergencia para la regulación del sector, y sobre la necesidad de coordinación entre países, frente a mercados y operadores crecientemente globalizados, el abanico de propuestas sobre cómo adecuar las atribuciones para la asignación del espectro es amplia, y está pasando por discusiones que van desde el uso de radios cognitivos y el desarrollo del Open RAN[205] hasta la introducción de las nuevas atribuciones de espectro en las bandas de IV y V de ondas

---

[205] Open RAN Open RAN (Radio Access Network), que significa Red de Acceso de Radio Abierto, es una arquitectura de red que promueve la interoperabilidad a través de hardware abierto, software abierto e interfaces abiertas. Está a favor de los estándares de la industria en el diseño de los equipos que se utilizan en el segmento de acceso por radio de las redes móviles de telecomunicaciones y es particularmente relevante para la construcción de la infraestructura 5G. Apunta a generar un ecosistema abierto de proveedores, fomentando la innovación, acelerando tiempos de despliegue y llegada al mercado, y reduciendo costos, en oposición a las redes de acceso de radio cerradas con tecnologías propietarias.

disimétricas[206], decisión por cierto adoptada en la Conferencia Mundial de Radiocomunicaciones (CMR-07), para darle atribuciones a la banda de 698–862 MHz (bandas de frecuencia empleadas para la Televisión abierta) en las Américas y Asia, y a la banda de 790–862 MHz (bandas de frecuencia empleadas para la Televisión abierta) en Europa y África para uso tanto de los servicios móviles como de la televisión terrestre.

Esta discusión se torna aún más compleja en el caso de América Latina, y en particular Venezuela, debido a tres factores: las debilidades institucionales de los reguladores de servicios públicos en general; la necesidad de estimular inversiones para incrementar las redes de acceso y a las dificultades de logar acuerdos políticos de largo plazo necesarios para asegurar el desarrollo de políticas públicas estables para los actores del mercado.

Cuando la CMR-07 tomó la decisión de atribuir partes del espectro de ondas disimétricas a servicios distintos a la televisión lo hizo con la motivación de aprovechar la transición de la televisión analógica a la digital y al reconocimiento de que las frecuencias del «dividendo digital[207]», liberadas por esta evolución, podían ser aprovechadas no solo para la prestación del servicio de

---

[206] En la mayoría de los países las gamas de frecuencias utilizadas para la radiodifusión sonora con modulación de frecuencia y para la televisión se designan mediante números romanos, de I a V

[207] El Dividendo Digital es el conjunto de frecuencias que han quedado disponibles en la banda de frecuencias tradicionalmente utilizada para la emisión de la televisión, gracias a la migración de la televisión analógica a la digital.

televisión abierta sino también para el uso de otros servicios de telecomunicaciones, entre los cuales figuran las redes de banda ancha móvil y otras muchas aplicaciones.

Es de hacer notar que en el caso de Venezuela, la preocupación del ejecutivo nacional ha sido el control de contenidos audiovisuales distribuidos por el propio Estado sobre la señal digital generada que en hacer un uso ampliado de todo el espectro.

Las nuevas atribuciones propuestas por la CMR-07, deben ser proporcionarles a la flexibilidad necesaria para atribuir las frecuencias del dividendo digital en los servicios móviles según la demanda del mercado. Aspirando a que ello permita la participación de nuevos jugadores y la creación de escenarios mucho más competitivos donde todos los operadores que participan estén en capacidad de ofrecer todos los servicios en un modelo convergente.

La discusión sobre el espectro y el dividendo digital, así como la reasignación de servicios y frecuencias se ha vuelto relevante debido a que el proceso de convergencia que experimenta la industria trae consigo cinco realidades:

1. la confluencia entre los sectores de telecomunicaciones, informática y radiodifusión, de manera tal que cada uno de los prestadores de estos servicios compitiendo de una u otra manera entre ellos: Operadores de telecomunicaciones que generan contenido y ofrecen TV sobre IP contra empresas como Netflix o Amazon Prime que están del lado de acceso; empresas como Google, WhatsApp y Skype que ofrecen

servicios de voz y compiten con los servicios móviles del propio operador; empresas de televisión digital que se aprestan a llegar con banda ancha y TV al hogar; corporaciones como IBM y Apple incursionan en telecomunicaciones en aplicaciones de WiFi. Todo lo cual marca un escenario que abre una gran oportunidad al desarrollo de contenidos.

2. La prestación de idénticos servicios, aplicaciones y contenidos sobre diferentes redes, con uso extensivo de movilidad y servicios inalámbricos
3. La versatilidad de los nuevos equipos terminales para soportar servicios convergentes, equipos de TV con conexión a Internet, Smartphone y tablas con capacidades de multimedia, dispositivos como Alexa o Siri.
4. Uso extensivo del espectro como la pieza fundamental para que exista competencia entre operadores y/o servicios.

Partiendo de esta realidad organismos reguladores de Asia y América, incluyendo a los Estados Unidos, han asignado licencias de uso del espectro en la banda de 700 MHz, tan preciada para el LTE o el 5G, para la oferta de banda ancha móvil. Lo mismo han hecho organismos reguladores de Europa con la banda de 800 MHz, para el uso del mismo servicio.

La consultora Analysys Mason realizó un estudio, patrocinado por la UIT, referente al congreso de la CRM-07 titulado:

«Aprovechar los beneficios del espectro de ondas disimétricas ¿Qué futuras atribuciones son necesarias?», donde resalta como ha sido el lanzamiento de servicios comerciales en varios países empleando las frecuencias del dividendo digital y cómo se espera que sobre las bandas de 700 y 800 MHz se creen muchos más servicios y muchas más competencia.

En el campo normativo la convergencia tecnológica implica la transformación de los supuestos técnicos de las condiciones de competencia del sector. En la medida en que el marco regulatorio, en particular el referentes a la asignación y democratización del espectro, este marcado por una serie de barreras de entrada en diversos segmentos, la propia convergencia obligara a considerar amplias modificaciones orientadas a la reducción de esas barreras.

Los países desarrollados se han mantenido a la vanguardia tecnológica de estos cambios y eso explica el desarrollo y despliegue de redes 5G y servicios de IoT y la entrada de nuevos competidores sobre estas nuevas frecuencia, con las consecuentes ventajas que ello ha de suponer para el desarrollo de sectores conexos como el de los contenidos y las aplicaciones. Sectores relacionados al conocimiento en los que América Latina, Venezuela en particular, o África y Asia exhiben un importante rezago.

El mencionado estudio se señala un aspecto que merece destacarse, y que no somos ajenos como país y es el hecho que: «La demanda de espectro móvil es especialmente elevada en los países donde el uso de la banda ancha móvil se ha extendido rápidamente en los últimos diez años». En Venezuela sectores rurales y socialmente desfavorecidos acceden a Internet con la banda ancha móvil por aquello de que «el cable no sube cerro[208]».

Según el Informe M.2072[209] titulado «*World Mobile Telecomm Market Forecast*», elaborado por la UIT–R[210] en preparación para el CMR-07, ya se asomaba que los volúmenes de tráfico móvil en todo el mundo para 2010 serían siete veces superiores a los previstos en 2005. Al 2021 la cifra se había multiplicado por veinte y la pandemia aceleró aún más el crecimiento de este tráfico y las transformaciones digitales.

Lo único cierto es que tanto el volumen como la composición del tráfico móvil han evolucionado considerablemente en comparación con las expectativas de la industria en el momento en que la UIT preparó el Informe M.2072. Este crecimiento es sin dudas atribuible, al fenómeno convergente que están generando los equipos terminales inteligentes como los Smartphone y las tablas y no considera la entrada de servicios de entretenimiento o del Internet de las cosas, lo cual incrementara aún más la tendencia.

---

[208] Refiere a soluciones de banda ancha en el hogar con fibra óptica en las favelas.
[209] Este Informe ofrece un resumen del análisis de mercado y la previsión de la evolución del mercado y los servicios móviles para el desarrollo futuro de las IMT-2000, los sistemas posteriores a las IMT-2000 y otros sistemas. Proporciona parámetros relacionados con el mercado y pronósticos para 2010, 2015 y 2020 para el mercado móvil. Estos parámetros son insumos esenciales en el desarrollo de una estimación del espectro, para el desarrollo futuro de las IMT-2000 y los sistemas posteriores a las IMT 2000 en preparación para la Conferencia Mundial de Radiocomunicaciones que se efectuó en 2007.
[210] Grupo de radio de la UIT.

Esto último en sí mismo plantea desafíos para los operadores en cuanto a temas de capacidad en el uso de las redes y eficiencia en el uso del espectro y los reguladores en cuanto al mejor uso del espectro y al desarrollo de agendas digitales donde los ecosistemas de aplicaciones apoyen los procesos de transformación digital.

Aunque estaríamos entrando tarde, todavía estamos a tiempo de iniciar esta discusión. El entorno regulatorio venezolano presenta tanto oportunidades como barreras para el desarrollo de redes, servicios convergentes y un mejor uso del espectro.

Como principales barreras se destacan, la separación entre los marcos regulatorios que ordenan al sector de radiodifusión y el de telecomunicaciones lo genera importantes asimetrías en la regulación de servicios convergentes prestados sobre distintas redes.

Como principal ventaja tiene el darle un nuevo impulso competitivo al sector de telecomunicaciones en Venezuela con el diseñó de una Agenda Digital que: nos permita crear iniciativas para el diseño de plataformas del gobierno en línea, un incremento en los accesos de banda nacha y el desarrollo de un ecosistema de aplicaciones, contenidos y software que aproveche el potencial de nuestros ingenieros y técnicos y nos permita construir una industria nacional TIC.

La Necesaria discusión de una Agenda Digital Nacional

«La productividad y la competitividad en la producción informacional se basan en la generación de conocimiento y en el procesamiento de la información. La generación de conocimiento y la capacidad tecnológica son instrumentos clave de la competencia entre empresas, organizaciones de todo tipo y, en última instancia, de países» Manuel Castells.

El diseño de una agenda digital y la atención a problemas de impacto social dentro de las telecomunicaciones de Venezuela son sin lugar a dudas un elemento central en el futuro desarrollo y alcance de la Sociedad de la Información para todos los venezolanos. La salud operativa del sector y la repotenciación de todo el ecosistema nacional de telecomunicaciones son aspectos clave para que ello ocurra.

Si bien estos son temas que conciernen directamente al ejecutivo nacional, es la sociedad en su conjunto la que debe ejercer presión para que se abra el debate acerca de cómo deben satisfacerse sus necesidades TIC, los mejores usos que deben darse a recursos estratégicos como el espectro radioeléctrico y cuál debería ser la orientación de un sector de importante aporte económico al PIB y de fuerte impacto social para país como el de telecomunicaciones. Y esto no es otra cosa que el diseño de una política pública para el diseño de una Agenda Digital.

Es bien conocido que las telecomunicaciones son el motor para la sociedad del conocimiento, generan de modo directo e indirecto cerca de setenta mil empleos y a él se vincula un sector universitario sobre el cual se apoyan actividades de formación para el talento que reclama el sector, pero que perfectamente pueden apoyar en labores de investigación y desarrollo y en la promoción de innovación. Recuérdese que más de una veintena de universidades e institutos universitarios, públicos y privados, a partir del año 2000, abrieron sus puertas para la creación de nuevas escuelas y postgrados de telecomunicaciones.

Venezuela experimentó un importante desarrollo TIC entre 1990 y el año 2010, particularmente en lo que se refiere a la infraestructura de telecomunicaciones, dotación de computadoras escolares e instalación de centros públicos de navegación a Internet como los Infocentro. En efecto, tan sólo diez años el número de líneas móviles se multiplicó por veinte y los niveles de penetración de acceso a Internet por cada cien habitantes lo hicieron por diez. Este esfuerzo del Estado y de las empresas privadas de telecomunicaciones implicó inversiones por el orden de los doce mil millones de dólares en infraestructura y diseño de proyectos que merecen, y deben ser reivindicados.

A pesar de estas cifras Venezuela, a partir de ese mismo año, empezó a experimentar una ralentización en sus indicadores y hoy exhibe una brecha digital significativa, tanto entre el usuario urbano y rural, como entre usuarios de los sectores medios y sectores de la periferia e incluso frente a naciones vecinas; en particular en materia de velocidad y precios del servicio Internet. Ponerse a tono con estas realidades hace necesario que el Estado venezolano desarrolle acciones orientadas a incrementar la penetración de la banda ancha y masificación de las TIC´s con el propósito de reducir la brecha digital e incrementar la eficiencia del país[211], sobre todo si se toma en cuenta el rezago que en su conjunto exhiben América Latina y el Caribe frente a los países desarrollados.

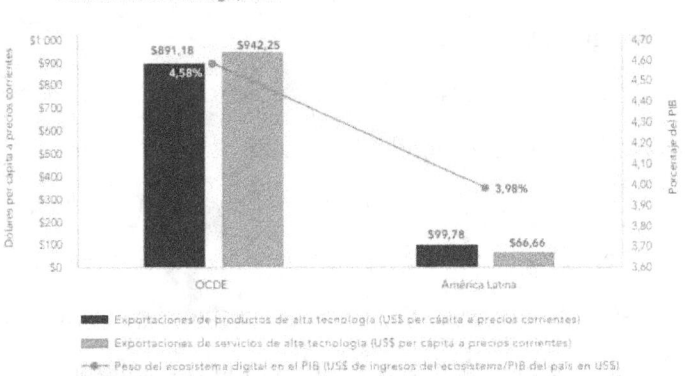

Alineados con las líneas estratégicas de la Cumbre Mundial de la Sociedad de la Información un primer paso, debería ser el

---

[211] En el Ranking Global del Índice de Banda Ancha 2018-2020 en América Latina y el Caribe los países con mejores datos son Barbados, Chile, Costa Rica, Brasil y Argentina. Por otra parte, los países a la cola del índice son Haití, Surinam, Honduras, Guatemala y **Venezuela**

diseño de un Plan de Desarrollo de la Sociedad de la Información en Venezuela o La Agenda Digital Venezolana, un esfuerzo conjunto de consenso y discusión entre el Gobierno, el sector privado, el sector académico y la sociedad para producir un documento incluyente y representativo que impulse el desarrollo de un sector TIC, habilitador del desarrollo económico y social del país, que enfrente la brecha existente entre la capacidad de la oferta de soluciones TIC y el crecimiento exponencial de su demanda.

La planificación e implantación de políticas y acciones de alto impacto en una Agenda Digital Nacional debería al menos cubrir los siguientes aspectos:

1. Acceso universal a la conectividad de banda ancha, en condiciones de calidad y precio, lo cual requiere del esfuerzo conjunto del sector público y privado, a fin de alcanzar niveles deseables del servicio de acceso a Internet. Para conseguir la universalidad de los servicios de estos servicio se debe asegurar la promoción en la inversión de infraestructuras de 4G y 5G y redes de fibra óptica, implementando medidas que fomenten la competencia, reduzcan el costo de inversión y faciliten el despliegue de redes. Telecomunicaciones es un sector mixto, donde operan el Estado y empresas privadas, cuyo fin último es garantizar un modelo de eficiencia en la prestación de dichos servicios al país.

2. Impulsar una política de acceso universal a la banda ancha para todos los sectores sociales con estímulos para la

dotación de computadores, retomar el programa de las canaimitas asociado a un plan nacional de conectividad.

3. Promover sinergias entre los sectores público y privado para el acceso a Internet de banda ancha. Lograr la inclusión digital de todos los sectores de la población venezolana requiere por un lado de un mercado competitivo y por el otro la regulación del Estado para garantizar, como un derecho humano, el acceso a la Sociedad de la Información de todos los venezolanos, en todos los rincones del país, en calidad, precio y con opciones.

4. Promover el uso eficiente del espectro radioeléctrico y abrir la discusión democrática sobre el dividendo digital. La brecha entre la oferta y la demanda de servicios inalámbricos de telecomunicaciones, en términos de su cobertura, capacidad y calidad está creciendo. Por lo tanto, cobra importancia optimizar el uso del espectro para asignar y adjudicar más bandas de frecuencias para uso comercial, oficial y libre, procurando alentar la competencia y vincular esto último con un plan nacional de conectividad.

5. Estimular el despliegue de redes de fibra óptica y construir una red nacional de transporte, financiada con los fondos del servicio universal, donde estén involucrados todos los operadores. El objetivo final es abaratar un importante componente de costo que tiene la banda ancha en las redes de transporte interurbanas.

6. CONATEL debe diseñar un programa para el despliegue de redes de fibra óptica en zonas urbanas, suburbanas e interurbanas con políticas comerciales no discriminatorias y énfasis en las zonas no comerciales y no rentables. Adicionalmente incluir mecanismos para la coordinación efectiva entre autoridades municipales, y empresas para facilitar los derechos de vía y permisos para ejecutar obras.

7. Mejorar el marco regulatorio del sector de las telecomunicaciones. Es deseable ir de una Ley de Telecomunicaciones hacia una Ley TIC, que defienda la aplicación de la Neutralidad de la Red[212], diseñe la figura del operador convergente, estimule la competencia equitativa en los mercados y promueva la igualdad en el acceso a los contenidos, aplicaciones y servicios de telecomunicaciones, evitando prácticas discriminatorias y garantizando que Internet continúe creciendo bajo el principio rector de la neutralidad. Su alcance y cobertura son una oportunidad para el desarrollo nacional y el diseño de una agenda de innovación y emprendimiento.

8. Proveer de acceso a internet a todos los centros educativos, de manera de garantizar la conectividad de todas las

---

[212] La neutralidad de la red es el principio de que los paquetes de datos en internet deben moverse de manera imparcial, sin importar el contenido, el destino o la fuente. El término se originó en un artículo escrito por el profesor de la Facultad de Derecho de Columbia, Tim Wu, en 2003, titulado "Neutralidad de la Red, Discriminación de Banda Ancha".

escuelas e instituciones públicas y privadas. Garantizar mediante un plan nacional, la conectividad de todos los planteles de educación básica, media y superior, con apego a criterios de neutralidad tecnológica.

9. Profundizar el plan de dotación de ordenadores para escuelas y tablets para alumnos, reorientarlo e integrarlas con modelos de conectividad públicos y aplicaciones de WiFi; apoyar y estimular modelos para la adquisición de equipos de computación que incluyan el servicio de Internet y promover esquemas de subsidios directos para tal fin en los hogares de menores recursos.

10. Desarrollar un proyecto nacional de gobierno en línea.

11. Dentro de un plan de TIC para incrementar la competitividad nacional, promover el uso de aplicaciones en la nube y la creación de un ecosistema nacional de contenidos, innovación y emprendimiento, de manera que nuestros ingenieros encuentre estímulos para el diseño de empresas innovadoras y podamos construir una fuerte industria nacional de software.

12. Desarrollo de competencias en toda la fuerza laboral del país, con el objeto de crear un portafolio de capacidades TIC. Mediante la colaboración de entidades públicas y privadas se incluirán en este portafolio los mínimos de capacidades que deberán tener los trabajadores.

Tal y como en su momento comentó el candidato presidencial Henrique Capriles: «estas son las ideas y están al servicio del país», su motivación es la de tener una Venezuela para todos. Una Venezuela mejor.

Innovar y emprender: un sueño necesario para un país posible

En una sociedad cada vez más globalizada, las diferencias entre países y regiones se diluyen y sólo la actividad de innovación continua puede generar ventajas competitivas sostenibles.

La innovación se ha vuelto una preocupación para los gobiernos y en torno a ella se han diseñado planes para su promoción, en particular aquellas que promueven el diseño de agendas digitales o agendas TIC´s, entre otras cosas porque la información y el conocimiento son los activos más importantes para la sociedad hoy.

Internet y las redes sociales están provocando un tipo de concentración, en el cual la distancia física se ha vuelto inexistente. Grupos de personas procedentes de todo el mundo y que comparten gustos comunes se unen en las redes para intercambiar ideas. Esto hace de la innovación un sistema abierto.

Las restricciones que imponían las distancias físicas se han roto con Internet y han liberado una capacidad de innovación distribuida por el mundo. Por ejemplo, la gran mayoría de las comunidades involucradas en el desarrollo del software libre, a nivel mundial, intercambian tanta información de programas y algoritmos en la red que se han convertido en una fortaleza colectiva y un extraordinario fenómeno de innovación colectiva.

El diseño de una agenda digital para promover la innovación es tarea del sector público y privado que requiere de dialogo, un enfoque global, valoración de la actuación individual, promoción del emprendimiento y definir las políticas públicas adecuadas para promover y fomentar la competitividad.

El informe «Doing Business 2010», elaborado por el Banco Mundial, centrado en la regulación y en la facilidad para establecer un negocio en un universo de ciento ochenta y tres países, proporciona información respecto a los factores que afectan a la innovación. En el mencionado trabajo de los diez primeros países con mayores facilidades para hacer negocios nueve de encuentran entre los quince países más innovadores del planeta a saber Singapur, Islandia, Estados Unidos, Reino Unido, Hong Kong, Corea del Sur, Irlanda, Israel, Dinamarca y Canadá, igualmente en el mismo informe Venezuela se encuentra en los últimos lugares, algo que amerita ser revisado. Es difícil incrementar la productividad nacional sin construir condiciones para ello.

Ciertamente, no se trata de una relación causa-efecto, pero el entorno regulatorio influye en la forma en la cual las empresas aprovechan las nuevas oportunidades para hacer negocios. Si la regulación es transparente y eficiente, las empresas pueden desarrollar oportunidades y los emprendedores crear nuevas empresas.

La apertura del sector telecomunicaciones en el año 90 en Venezuela fue un buen ejemplo de cómo condiciones de libertad económica son capaces de generar un fuerte impacto en la mejora de la competitividad de otros sectores, además del propio sector telecomunicaciones.

La pregunta obligada, ¿Cómo hacemos innovación e incrementamos la producción agregada de bienes y servicios si la productividad no es una línea maestra de los Planes de la Nación? Cambiar la cultura de innovación y emprendimiento de un país no es tarea fácil y suele tratarse de una labor a largo plazo. Sin embargo, los gobiernos tienen otras opciones para acelerarlo.

Según Tan Chin Nam, presidente de la Autoridad para el Desarrollo de Medios de Singapur y patrono de la Fundación de la Innovación Bankinter, Estados Unidos es un país exitoso gestionando innovación, debido a que se trata de una sociedad abierta y las mentes brillantes de China, la India, Rusia, Brasil y otros países se trasladan a ese país atraídas por las oportunidades que sus naciones no les pueden ofrecer.

Singapur es de los países que ha comprendido la importancia del talento exterior y está haciendo esfuerzos para convertirse en un lugar atractivo para los emprendedores no sólo en su vida profesional, sino también en la personal.

En Venezuela hemos estado haciendo los contrario y nos hemos convertido en exportadores de talento e ideas, en particular en los sectores relacionados la industria petrolera, la medicina y las tecnologías de la información donde nos hemos descapitalizado.

¿Cuáles son los factores que determinan el éxito de la innovación? Según la consultora Boston Consulting Group, existen cuatro claves que impulsan la innovación: la generación de ideas, procesos estructurados, liderazgo y personas capacitadas, la globalización, los bajos costos del transporte y las nuevas tecnologías que combinadas están cambiando la forman de innovar.

La sociedad no sólo demanda personas con conocimientos específicos para llevar a cabo una tarea sino que también demanda innovación, y eso parte de una cultura que es necesario construir desde el ámbito educativo, fomentando la competitividad, el espíritu de emprendimiento en las personas y premiando el esfuerzo creativo. Se trata de darle una valoración social a los innovadores que existen en cualquier sociedad, incluyendo la venezolana.

La innovación, al igual que otros fenómenos sociales, se ha venido globalizando. Por ejemplo, cada vez surgen más centros de innovación como Bangalore en Israel, Corea del Sur, Taiwán o España, que día a día cobran mayor importancia. Para la doctora Anna lee Saxenian, profesora de la Universidad de California, una de las razones para la aparición de estos centros es que se trata de emprendedores nacidos en otros países y educados en Estados Unidos que luego regresan a sus países con conocimientos y listas de contactos globales.

Estos emprendedores y sus redes juegan un papel fundamental en la expansión del conocimiento y en la globalización de la innovación, contribuyendo al crecimiento económico y al desarrollo de sus regiones. Esto último reivindica el Plan Gran Mariscal de Ayacucho de los años setenta y el impacto que tuvo para Venezuela.

La generación formada en Venezuela durante los setenta le dio aportes cualitativos al país, y jugó un importante rol, en años posteriores, en el diseño de instituciones como CONATEL y la hoy desaparecida Pro-Competencia, el IESA y la Universidad Simón Bolívar, construidas con lo mejor de esos modelos. Fue un proceso de dos vías, países como Estados Unidos igualmente se han beneficiado del talento de aquellos que fueron a estudiar y se quedaron en aquellos lares, por eso MIT tiene hoy un rector nacido en Venezuela.

Estudiar y entender esa experiencia puede ayudar a nuestro país puede aprovechar el talento que hoy tiene disperso por el mundo y verlo como una gran oportunidad. Al final se trata de personas que se han adaptado a modelos de trabajo más eficientes y con capacidad para adaptar esas experiencias al país.

La reducción de los costos de comunicación y transporte y el uso sostenido del Internet, así como las mayores oportunidades en los países de origen, ha cambiado la situación. En la actualidad países como la India o China, le ofrecen a sus connacionales mejores oportunidades de emprendimiento que las que disfrutaban por ejemplo en Estados Unidos.

Y que puede ayudarnos en Venezuela, donde nos hemos visto envueltos en un innecesario debate ideólogo de mediados del XX, con el cual hemos retrocedido en niveles de productividad o a disponer de servicios de telecomunicaciones con indicadores por debajo de las recomendaciones de la OCDE[213]. Ni hablar de lo ocurrido en nuestra empresa principal empresa, Petróleos de Venezuela que hasta 1998 estaba entre la cuarta o quinta empresa petrolera del mundo.

El problema de los países no es si sus gobiernos son de izquierda o de derecha sino de como alcanzar el desarrollo y generar mayor riqueza para distribuirla de forma justa y equitativa con atención a los sectores más vulnerables para incorporarlos a la sociedad. Esto último es imposible lograrlo sin innovación y emprendimiento.

En un mundo cada vez más conectado y globalizado, en el que los conocimientos se difunden con gran rapidez, es importante competir en capital intelectual. Fomentar la innovación requiere de un enfoque global, dialogo y un compromiso común, los países que así lo hagan serán los mejor preparados para el futuro.

---

[213] Organización para la Cooperación y el Desarrollo Económico

Entrevista al Presidente Felipe González: Madrid 20 de julio de 2016.

¿Cómo surgió la entrevista?

Reconozco ser un admirador del presidente Felipe González, razones para ello hay muchas, pero mencionaré la que considero más importante: creo que es un líder político, y sobre todo un estadista, que participó en el proceso de transición a la democracia de España y luego como jefe del gobierno logró transformar al país y darle un rol protagónico en el escenario mundial.

La Península Ibérica es hoy, a pesar de sus dificultades, un país insertado en la economía global y está considerada como la catorceava economía del mundo, compitiendo con relativo gran éxito en sectores tecnológicos, financieros, y energéticos. Eso en mi humilde opinión, está vinculado al legado y obra de Felipe González.

Para la toma de posesión de Carlos Andrés Pérez en su segundo mandato de 1989, el presidente González sería uno de los invitados y entre las actividades de su agenda, sostuvo en el Teresa Carreño, una reunión con sectores de la izquierda democrática y la socialdemocracia venezolana, me refiero a miembros de Acción Democrática, partido al afín al PSOE[214] el partido de González, y el MAS[215] el partido donde Teodoro Petkoff era la principal figura. Tanto Carlos Andrés como Teodoro mantenían y mantuvieron hasta el final de sus días no solo uno relación de afinidad ideológica también de amistad con González, tal como podrá observar el lector a lo largo de la entrevista.

Durante aquel encuentro, el discurso el jefe del gobierno español estuvo motivado por la importancia de aperturar económicamente a Venezuela e insertarla en la economía global en sus palabras «Venezuela tenía un inmenso potencial para desarrollarse y por eso nos pedía apoyar el plan económico que Pérez le proponía al país» y nos aseguró «con ese programa el país daría un

---

[214] Partido Socialista Obrero Español, de tenencia socialdemócrata
[215] Movimiento Al Socialismo

importante salto para su transformación». Tuve la oportunidad de asistir al encuentro, personalmente estoy convencido que tenía razón y que como país perdimos una preciosa oportunidad para entrar con éxito al siglo XXI.

El episodio me marcó y entre las cosas que traían por hacer, al momento de dejar a Venezuela para radicarme en España, estaba entrevistar al presidente Felipe González. Desde el momento de mi llegada hasta lograr encontrar un espacio en su agenda para conversar pasaron seis meses. Por su valor histórico, aún vigente, deseo incluirla como el último capítulo de este ensayo ya que considero complementa mucho de los episodios aquí relatados.

La Entrevista

Fidel Salgueiro (FS): como le exprese mi correo cuando le solicite la entrevista, quería hablar un poco sobre su visión de Venezuela, su crisis, el referéndum, la posibilidad de una reconciliación del país y los vínculos del presidente Felipe González con nuestro país; también conversar sobre su libro «En busca de respuestas: el liderazgo en tiempos de crisis» y hablar entre otros tópicos de su relación de amistad con Carlos Andrés Pérez y reivindicar un poco su gobierno; su relación con Willy Brandt, en mi opinión uno de los grandes políticos del siglo XX y responsable de todo el proceso de giro que dio la social democracia europea para transformar a Europa e integrarla para afrontar los retos de la globalidad y la crisis por la cual atraviesa y su amistad con Teodoro

Petkoff, el político socialista venezolano, director del Diario Tal Cual, premio Ortega y Gasset, 2015, que por cierto usted recibió en su nombre por encontrarse preso, tiene a su casa por cárcel, uno de los grandes opositores al presidente Chávez.

Felipe González (FG): El pequeño informe que había hecho en forma de artículo, publicado en El País, para decir exactamente lo que quería decir en los términos en los que quería decirlo. Por tanto, yo creo que aunque hubiera una posibilidad, en una de cada cien posibilidades, un uno por ciento de que se pudiera dialogar para pactar los grandes problemas de Venezuela y para buscar un reencuentro, una reconciliación; aunque hubiera una posibilidad entre 100, a mi juicio merece la pena explorarla y llevarla adelante.

La primera cosa que quiero decir es esa o sea estoy a favor del dialogo no solo por el dialogo, porque Venezuela, como he dicho, no puede abrir un dialogo para ganar tiempo, que no le atribuyo el deseo de ganar tiempo, en mi artículo, a nadie; pero si alguien pretende ganar tiempo, el problema de Venezuela es que no tiene tiempo por tanto tiene que responder a los desafíos que tiene. Esa es mi aproximación. Ahora en mi experiencia para que haya un proceso de negociación, con una cierta mediación, buenos oficios o lo que sea, hay que dar algunos pasos que son inexorables.

Paso número uno, las partes que se tienen que sentar a negociar, que simplificando mucho es el oficialismo y la mayoría de la oposición, partes políticas en este proceso; primero tienen que estar de acuerdo en la aceptabilidad de los facilitadores o mediadores.

No se le puede ocurrir decir a la MUD[216] yo quiero un dialogo y estos son los que yo quiero como mediadores, ni al oficialismo.

Lo lógico es que si hay una propuesta de mediación de quien sea, UNASUR[217], cualquiera Vaticano, OEA[218] o quien quiera. Si hay una propuesta de mediación, de buenos oficios previamente las partes tienen que estar de acuerdo en quienes son los actores para hacer esa mediación.

Es elemental, sino uno cree que la mediación es de partes, es una oferta de una parte y la otra parte no está conforme. Son pasos normales, de hecho yo viví la experiencia en la huelga petrolera en Venezuela[219] después del golpe contra Chávez, no del de Chávez contra Carlos Andrés. Yo viví la experiencia con Kofi Annan[220].

Kofi Annan me pidió que fuera su representante personal en Venezuela. Estaba Gaviria[221] todo el tiempo ahí, intentando ver, bueno. Yo le dije a Kofi Annan, pasé por New York, estaba en

---

[216] Mesa de la Unidad Democrática Venezuela, coalición de partidos políticos en Venezuela que se oponen a las políticas del Partido Socialista Unido de Venezuela y sus aliados en el Gran Polo Patriótico. Está conformado por corrientes del socialismo democrático, progresismo, socialcristianismo y principalmente socialdemócratas. Fue creado formalmente el 23 de enero de 2008 en Caracas mediante un documento denominado Acuerdo de Unidad Nacional y reestructurado el 8 de junio de 2009.
[217] Unión de Naciones del Sur.
[218] Organización de Estados Americanos.
[219] Para Cívico Nacional ocurrido entre el 02 de diciembre del 2002 y el 02 de febrero de 2003 y que involucró a la industria Petrolera y sus trabajadores como principales actores.
[220] Secretario ONU 1997-2006
[221] Cesar Gaviria presidente de Colombia 1990-1994, Secretario General de la OEA 1994-2004.

México, le dije yo no puedo negarme a hacer algo por Venezuela, creo que las posibilidades son pocas; pero obviamente tienes que garantizarme que Chávez, porque creo que en la oposición no habrá problema, que Chávez sí estará de acuerdo en que yo haga de representante personal para intentar buscar una salida al conflicto y creo que va a decir que no.

Esto se lo conté a Chávez.

Kofi Annan me dijo que sí, que me garantizaba que sí. Eso era un lunes y el viernes me llamo a Madrid y me dijo: «Tenia usted razón, y por las mismas razones que me explicó Chávez no quería», pues si no quiere, imposible hacer una mediación.

Si las partes entre las que hay que mediar no están de acuerdo. Punto número uno, yo creo que eso no se ha hecho, es una falta de formalidad que le resta posibilidades a la mediación y por tanto al impulso del dialogo. Segunda cuestión: ¿Qué hay que hacer? sino los procesos son muy difíciles. Hay que identificar cuáles son las materias sobre las que hay que dialogar, pactar, etcétera, las que sean.

No digo cual, yo sugiero tres paquetes, pero los sugiero porque cuando me pidió la opinión la Mesa de la Unidad Democrática allá por el 5 de junio. Les mande mi opinión en los términos que he publicado hace unos días. Un poco cansado de que se interprete o no se interprete lo que yo pienso y ya lo mandé.

Yo creo que los contenidos deben ser más o menos estos y los divido en tres partes: Un paquete Institucional que afecta al desarrollo normal de la vida política con división de poderes, aceptada y respetada con respecto a los derechos y a las obligaciones establecidas por la constitución y por tanto, es en sí mismo, una parte del dialogo; pero no es y hay muchos de esos elementos que no son negociables, es decir, yo no le puedo cambiar un derecho constitucional que pertenece a los ciudadanos, el «Revocatorio»[222] que no pertenece a los representantes, pertenece a los ciudadanos, es un derecho del representado, justamente para revocar a su representante.

Yo no le puedo cambiar ese derecho, por no sé qué otra cosa. Ni porque me autorice la ayuda humanitaria, ni que ponga en libertad o semilibertad a los presos. Estos no son intercambiables.

Por tanto, lo primero que hay que hacer es que haya el restablecimiento de un buen funcionamiento de las instituciones, que el Ejecutivo acepte que la mayoría de la Asamblea[223] es la que es y sus competencias son las establecidas en la constitución.

¿Qué se puede discutir? Acabo de ver la sentencia del Tribunal Superior de Justicia[224], porque la Asamblea ha dicho estos magistrados no han sido elegidos o seleccionado de acuerdo con la constitución.

---

[222] Referéndum Revocatorio, establecido en la Constitución de Venezuela de 1998.
[223] Asamblea Nacional: Parlamento venezolano
[224] Tribunal Supremo de Justicia de Venezuela

Como mínimo es una grave anomalía que después del 6 de diciembre [225], la Asamblea ya caduca aproveche una mayoría formalmente existente, pero materialmente inexistente. La mayoría ya estaba de la otra parte y entre el 6 de diciembre y el 5 de enero, la Asamblea nombre a no sé cuántos magistrados y que produzca algún otro cambio legislativo para cegar las posibilidades de desarrollar las competencias constitucionales de la Asamblea.

Por tanto o se respeta la legalidad y si la Asamblea saliente, ya caduca desde el punto de vista formal, tiene la facultad de nombrar a no sé cuántos magistrados, es obvio que la Asamblea entrante, con una mayoría de dos tercios, a pesar del conflicto con Amazonas[226], que es otra cosa inexplicable, no tenga el mismo derecho que la saliente: «oiga usted los magistrados no pueden ser estos».

¿Qué es lo que hay? Hay un círculo vicioso que rodea a la Asamblea en la que, digamos que el Tribunal o la Corte Constitucional o Sala Constitucional, ciega todas las iniciativas de la Asamblea. Hasta ahora llevo contados como diecinueve proyectos legislativos de los que dieciocho han sido declarados inconstitucionales, decisiones de la Asamblea, como que el estado de Emergencia

---

[225] Refiere al 6 de diciembre de 2015 cuando se juramentaba la nueva Asamblea Nacional resultado de las elecciones de ese mismo año y donde la oposición obtuvo las dos terceras partes. Por primera vez el oficialismo perdía el control de la Asamblea en dieciséis años.

[226] Estado Amazonas, los tres parlamentarios electos en ese Estado fueron impugnados por el gobierno para de esta manera quitarle a la oposición la mayoría absoluta.

Económica y después el de Excepción tienen que ser previa opinión de la propia Asamblea y han sido desconocidos.

Por lo tanto la Asamblea esta sin competencias y las competencias no las tiene solo porque discrepe del Ejecutivo, sino porque se ha hecho un enlace entre el Ejecutivo y la Sala Constitucional para que sea cual sea la decisión de la Asamblea, la Sala Constitucional la declare inconstitucional.

FS: No hay división de poderes

FG: ¿Puede haber decisiones discutibles desde la Asamblea? Claro. Y para eso tiene que haber una Sala Constitucional; pero una Sala Constitucional que aplique la Constitución, que sea objetiva, por ejemplo cuando la Asamblea propone el acortamiento del mandato, es obvio que tiene facultades para proponer el acortamiento, igual que una Asamblea anterior, en tiempos de Chávez, propuso y decidió el alargamiento del mandato; pero también es obvio que ese acortamiento del mandato no se puede aplicar con efecto retroactivo a la legitimidad del presidente actual, debería ser para el otro periodo. Esto si sería inconstitucional; pero a la Sala Constitucional le da igual: declara inconstitucional todo lo que viene de la Asamblea.

Cuidado, ¿Ahí hay un margen para decidir algún acuerdo? Sí, claro. La Asamblea y el Ejecutivo se pueden poner de acuerdo en que el acortamiento del mandato este aprobado por el pleno de la Asamblea y aceptado por el Presidente, que es el afectado por la aminoración del derecho en cuanto el tiempo del mandato. Si hay acuerdo entre las partes puede haber elección presidencial con un mandato acordado.

¿Esto ha pasado alguna vez? Mil veces, ha pasado muchas veces. En sentido contrario pasó en Argentina cuando Menen se quiso representar y pactó con Alfonsín para cambiar la constitución y tener la posibilidad de un mandato más. Si no lo hubiera pactado es obvio que no hubiera podido representarse, aunque tuviese la mayoría, porque hubiese sido inconstitucional. En Francia ocurrió entre Mitterrand y Chirac, etcétera, etcétera, hay una larga literatura.

Pero vamos, los derechos y las obligaciones establecidos en la Constitución, lo que hay que hacer aplicarlos y respetarlos por todos los poderes del Estado. No son negociables ¿Se pueden cambiar ese paquete de derechos y obligaciones?

Se pueden cambiar de acuerdo con las normas de reforma de la Constitución, establecidas en la propia Constitución, no se pueden violentar. Por ejemplo, es una anomalía que el estado de Amazonas, a mi juicio no solo inconstitucional sino peligrosa, desde el punto de vista de la estructura federativa del país siga sin representación.

FS: Están sin representación.

FG: Han tomado posesión los diputados, han tomado posesión y han renunciado voluntariamente a asistir a los plenos y la justicia, se va a tomar tal tiempo que resulta que hay un estado dentro de la federación que no tiene representación, que tiene que cumplir con sus obligaciones frente al gobierno central; pero que no tiene representación en el congreso, por tanto está sin representación. El otro día oí decir, creo que en una columna de Tal Cual[227] que los tratan como si fueran una colonia. Por tanto hay un primer paquete: el institucional

¿Qué importancia tiene este paquete? Y en esto quiero llamar la atención, los treinta millones de venezolanos están afectados por el problema de una gravísima crisis económica, con una situación de emergencia social que el gobierno discute «que no hay esa emergencia humanitaria»[228] y no sé qué, cuando el gobierno desde enero pide mediante un decreto de emergencia y ahora de excepción que se le den plenos poderes al Ejecutivo. Entonces ¿Hay o no hay emergencia? A mí me parece que sí porque el Ejecutivo pide plenos poderes para enfrentar la emergencia, entonces tenemos unas contradicciones muy serías.

Para los treinta millones de venezolanos lo importante son las consecuencias sociales de la crisis en materia alimentaria, en materia de medicamentos, etcétera, etcétera, estas son las consecuencias. Las causas son, cada uno lo puede ver ¿Es un fracaso del presidente Maduro? o ¿Es un fracaso del modelo económico agravado por la caída de los precios del petróleo y una mala gestión de

---

[227] Semanario Venezolano fundado por Teodoro Petkoff y en ese momento dirigido por él.
[228] Nicolas Maduro, presidente de hecho, sostenía y todavía sostiene que Venezuela nunca ha tenido una crisis humanitaria.

Maduro? Pero solo agravado, cada uno puede tener la opinión que sea. Lo cierto es que si se le deben a China sesenta mil millones de dólares y se le pide que reestructure la deuda.

Los chinos, siguen siendo formalmente comunistas pero no quieren enfrentar un default de esa magnitud ¿Están dispuestos a reestructurar? Yo creo que sí, esto que digo no está ni en la cabeza de la oposición. Yo creo que sí pero para reestructurar y no enfrentar su primer default ante un Estado deudor ¿Qué es lo que piden para no interferir? Que estén de acuerdo el gobierno y la oposición que ha triunfado ¿Detrás de esta petición que hay?, ¿Hay alguna cosa más?

Sí los chinos se definen como comunistas pero saben que ni la inflación, ni el déficit, ni la deuda con riesgos de default, ni la paralización del aparato productivo es una respuesta que les permita enfrentar una restructuración económica para que ellos acepten la renegociación. Por tanto, yo estoy seguro de que ellos estarían dispuestos a sentarse para hablar de restructuración de la deuda.

Pero por decirlo claramente entre nosotros: esperan que la oposición y gobierno estén de acuerdo para tener garantías sobre su futuro, uno y dos esperan que la política económica que se aplique sea una política económica de mercado seria, de ajustes,

FS: Sensata ¿Cómo sería el segundo paquete de negociación?

FG: Ese es el segundo paquete de negociación económico y social, no es nada nuevo esta explicado en el artículo, con toda precisión. Y el tercer paquete que yo creo que agobia a los venezolanos, es el paquete de la seguridad. La seguridad ciudadana o de la inseguridad o del incremento de la violencia o de cómo quieran llamarlo ¿Por qué? porque si no puedes salir con tranquilidad a la calle por miedo a que te asalten, te maten o te tiroteen, ni tu ni tus hijos, si además no tienes un suministro alimentario básico y la inflación hace inútil la subida de los salarios mínimos, porque ni siquiera accedes a la cesta básica. Primero no accedes a ella y segundo aunque accedieras no la puedes pagar; si no tienes medicamentos para tratar la enfermedad de tu hijo, de tu padre, tu esposo, tu esposa. Si vives en esa situación, vives en una angustia permanente. Yo creo que eso que está afuera es el núcleo del enfrentamiento gobierno-oposición. Visiones distintas sobre esto. Eso es lo que hay que negociar. Se puede negociar una responsabilidad que es del Ejecutivo, como es la seguridad ciudadana.

Hombre se puede facilitar en lugar de una OLP[229], que es el numero veinte de los proyectos de seguridad ciudadana de los diecisiete años, haya una legislación básica pactada con la asamblea que diga: el uso exclusivo de las armas de fuego, pertenece a las fuerzas de seguridad del estado, y en su ámbito de competencia, digo claro y en su ámbito de competencia a las Fuerzas Armadas.

---

[229] Operación para la Liberación del Pueblo, plan de seguridad ciudadana organizada por Nicolas Maduro en 2015.

El resto de la población no tiene derecho a usar armas de fuego, salvo que tenga un permiso especial y justificado por razones de seguridad personal y controlado desde el punto de vista formal. Punto número uno.

Número dos: la Asamblea demanda al Ejecutivo que haga una recogida masiva de armas de fuego de todo tipo, armas de guerra y tal. De manera que nadie que no esté dentro de estos colectivos tiene derecho a usar un arma de fuego, por tanto que se recojan masivamente, eso hasta donde puedan. Es obvio, usted puede tener un permiso de armas, pero tiene que ser un permiso con un control claro y neutral.

Bueno, ese sería el tercer paquete y el tercer paquete para empezar por el último, lo agradecerían, primero los policías que tienen una competencia armada y destructiva y los militares. Y digo primero porque están afectados, policías y militares que ven una policía, por decirlo algo, que hay una policía paralela fuera de control.

FS: Son hasta víctima.

FG: Eso es, pero sobre todo, la población vería una luz de esperanza, pensando que en algún momento Caracas no tendría el mismo número de muertes violentas, o más, que Damasco que está en una guerra cruenta. No es posible, eso creo que es la necesidad de la población, de ver que puede pactarse, que se puede negociar.

Pero el primer paquete, el institucional, entiéndanme tiene la importancia de respetar el funcionamiento institucional Y la importancia de que es instrumental para resolver los otros.

Si la Asamblea no cumple con sus funciones, si el Tribunal Supremo considera constitucional la siguiente prórroga del Estado de Emergencia y de Excepción sin que la opinión de la Asamblea pese, no se está cumpliendo, a mi juicio, la constitución. ¿Se puede pactar un cambio en la Sala Constitucional? Claro, incluso ampliando el número de magistrados.

Yo he hecho procesos de mediación, buenos oficios, a veces muy, muy, complicados. Por ejemplo con el gobierno de Milosevic, yo lo he hecho, he estado ahí. ¿Se puede dialogar? Con todo el mundo, he dialogado con el gobierno y con la oposición, en aquellas elecciones que el gobierno no quería reconocer sus resultados con todo el mundo. Pero el problema es que la oposición no tiene nada que perder, ni nada que temer en un proceso de negociación si tiene claro en que consiste ese proceso.

Esto es lo que digo. Y lo que yo no haría nunca estando en la oposición y se lo transmito a la oposición, es practicar la silla vacía, eso no lo haría Yo me sentaría si hay una oportunidad de dialogo: aquí estamos con este propósito y un papel sobre la mesa. Resolvamos los problemas institucionales. La Asamblea tenga los poderes que corresponde, de acuerdo con la Constitución, que los ciudadanos se les respeten los derechos constitucionales, por ejemplo el Revocatorio, por cierto de todos los representantes no del presidente. Vamos a sentarnos a atender los problemas institucionales y respetarnos recíprocamente. Yo no quiero invadir sus competencias y pido que usted respete las competencias de la Asamblea. Punto.

Hay algunos temas de interpretación, comillas, discutibles como que «usted ha cambiado el Tribunal Supremo y la Sala Constitucional en el periodo intermedio, antes de la toma de posesión de la nueva Asamblea, igual que ha cambiado la normativa del Banco Central de Venezuela para quitar competencias a la Asamblea, etcétera, etcétera». Sentémonos y restituyamos una Sala Constitucional, que este más compensada y garantice la aplicación de la constitución.

FS: ¿En qué se puede negociar?

FG: Es que vamos a ver. No se puede mezclar. Que yo renuncio al Revocatorio, si usted pone en libertad a los presos políticos.

FS: Ciertamente no son puntos de negociación.

FG: Vamos a ver. Por definición los presos políticos en una democracia no deben existir, por tanto no es que alguien ejerza una cesión de negociación poniendo en libertad a los que están presos, sin razón para estar presos. No solo porque no hayan cometido delitos; sino, y además, resalto esto: porque no se han respetado las garantías constitucionales de derecho a la defensa en ningún caso. En ninguno, he estudiado un montón de expedientes y todos los procesos son nulos de derecho.

Por cierto hasta el de Chávez en los noventa lo declararon nulo por razones de falta de respeto a los derechos de defensa y por tanto, eso se declaró nulo por eso. No porque no se admitiera que hubo un delito de sublevación militar o de golpe. No, eso estaba claro, pero no se respetó el derecho a la defensa, o al menos eso fue lo que dijo el tribunal y se paró el procedimiento y no lo volvió a recuperar.

Bueno, eso no es intercambiable es que, yo creo y lo tiene que comprender cualquiera que esté en eso. Si cualquier líder de la oposición, cualquiera, dice: «que no habrá revocatorio si los presos no salen libres»; pues los firmantes que hoy acaba de reconocer, por lo menos al uno por ciento de las firmas, ya formalmente el CNE[230], los firmantes que son los que tienen el derecho, le va a decir y ¿Usted quién es?, Si me pone en esa tesitura, lo revocó a usted. Pido otro revocatorio contra usted que es otro representante.

Por tanto cuando he oído, a mi amigo y compañero, Zapatero[231] decir: «qué se puede hablar del revocatorio», es que va a tener que hablar con las trescientos noventa y cinco mil personas a las que han reconocido las firmas, son muchos más; pero dentro de X tiempo, cuando se produzca el veinte por ciento del censo electoral de recogida de firmas, tendrá que hablar con el veinte por

---

[230] Consejo Nacional Electoral Venezolano. En la constitución de Venezuela tiene rango de poder público y lo elige el parlamento.
[231] Jose Rodríguez Zapatero, ex jefe de gobierno español y mediador del gobierno de Venezuela en este conflicto entre gobierno y oposición.

ciento de la población, porque es un derecho de ellos, no es de Capriles[232], de Ramos Allup[233], no es de Leopoldo López[234], no es de ninguno de ellos. Es un derecho que la constitución atribuye a los ciudadanos. Y una vez desencadenado el proceso pertenece a los ciudadanos. Punto.

No, no tienen por qué cruzarse, porque yo creo que lo que tiene que hacer. Ya lo dije repito, porque está en el artículo. Lo que tiene que hacer el Consejo Nacional Electoral, es tramitar en tiempo y forma, de acuerdo con la Constitución, la petición o la iniciativa del Revocatorio.

FS: Es un derecho de los ciudadanos que no está en discusión

FG: Eso es, y para colmo cuando uno dice, que el Revocatorio lo puede perder o no perder la persona a la que se dirige el Revocatorio, es lógico. Lo puede perder o no perder y tiene sus efectos; pero no se está votando una destitución sino la revocación de una autoridad.

¿Se puede evitar esto?, Sí, sí se puede evitar de una sola manera, si el presidente de la república decide dimitir se acaba el Revocatorio. En un mes hay elecciones, cuando sea.

---

[232] Henrique Capriles Radonsky. Líder del partido Primero Justicia y candidato de la unidad democrática en 2012 y 2013.
[233] Henry Ramos Allup, Secretario General de Acción Democrática, partido miembro de la MUD, Presidente electo de la Asamblea para el periodo 2016-2017.
[234] Dirigente opositor y presidente del partido Voluntad Popular, miembro de la MUD.

Lo mismo que discutir si va a haber elecciones a gobernadores antes de fin de año. Esto, no hay nada que discutir.

FS: Eso es un derecho constitucional.

FG: Por favor, se cumple el mandato y se tiene que renovar la representación. Punto. Es que no hay más. ¿Y a cambio de qué? A cambio de nada. Porque si usted quiebra los derechos contenidos en la constitución, está violando la constitución que no será aplicable ni en eso ni en lo otro.

FS: Ahora, ¿Considera el presidente González, que el proceso de negociación llevado de esta manera por el gobierno es porque el gobierno sabe que debe salir y tal vez está negociando en qué condiciones hacerlo, para políticamente no perder el espació que tiene como fuerza?

FG: Pero si a mí eso no me preocupa. Lo que sé es que cuando se imagina uno de que en paralelo puede haber otro proceso de negociación, en la medida en que afecte a los temas que estoy diciendo como los institucionales, ese proceso será un proceso fallido.

Yo oigo de todo y como he vivido de todo, oigo a mucha de la gente obligada a estar en el exilio y yo aseguro por esta experiencia, que cuando uno ha estado un año fuera de su propia realidad, con la amargura del exilio, el análisis sobre la realidad, con cierta frecuencia tiene distorsiones.

Por tanto, oigo hablar de todo. Oigo, «que si salida cívico-militar, que si la salida…», ahora interpretaciones sobre, digamos la delegación plena de poderes para conducir el Poder Ejecutivo que se ha hecho en el Ministro de Defensa, el General Padrino, interpretaciones las que se quieran. Bueno, cualquiera puede pensar: «es que están pensando en que sustituya finalmente», de facto ya es digamos la persona que manda y concentra el poder «que sustituya al vicepresidente para que retrasando el revocatorio acabe en manos del ministro y encabece otra transición». Especulaciones de esas las que quiera. Cuando el otro día se produjo el intento de golpe en Turquía, ya veremos cuáles son las consecuencias, salí en una brevísima nota.

FS: El domingo en El País.[235]

FG: Eso es, diciendo los golpes de estado no conducen a nada ni de una ni de otra forma, es mentira, son una moneda al aire absolutamente aleatoria, que puede empeorar la situación en lugar de arreglarla.

Que es obvio que dentro del oficialismo, no opino informo, hay gente que querría que el mandato acabara para poder reservar una parte de la representación para el futuro, una parte importante que no es pequeña, de la representación popular para el futuro no me cabe duda. Si oigo las declaraciones de gente que pertenece al chavismo, madurismo, como se quiera, oficialismo: «oiga esto no puede ser».

---

[235] Diario El País de España.

¿Por qué?, porque saben que el año 17, va a ser peor que el 16, porque la hiperinflación está ya muy estudiada, la vivió Bolivia, la vivió Brasil, la vivió Argentina y tiene consecuencias en términos de caída del producto bruto, de salto espectacular de la propia inflación, de pérdida del poder adquisitivo y además en Venezuela el aparato productivo está destruido, completamente paralizado.

FS: ¿Venezuela ha tocado fondo?

FG: ¿Si ha tocado fondo o no ha tocado fondo Venezuela? Hombre yo creo que ha tocado fondo. El problema es cuánto tiempo esta uno en el fondo y cuánto tiempo tarda en rebotar. Y eso depende de que decisiones se tomen. Mi opinión, por eso estoy a favor de una posibilidad de diálogo y acuerdo, mi opinión es que ese enorme desafío de salir del fondo y de recomponer institucionalidad política, económica, social, incluida la crisis de medicamentos etcétera y política de seguridad ciudadana, es mucho más fácil de implementar si hay un consenso acordado para esas políticas, que si el gobierno tiene que decidirlo solo.

Vamos a ver, planteo una cuestión, es muy simple pero nuclear: el gobierno tiene que ajustar el déficit, es difícil conocer el déficit porque no se publican las cifras reales; pero algunos datos tenemos, los tenemos de una manera, los que nos preocupamos de Venezuela, porque los Bonos Soberanos, incluso los Bonos de PDVSA[236], tienen que ser acompañados de una información básica

---

[236] Petróleos de Venezuela S.A.

sobre las cuentas públicas, que no se da a los venezolanos; pero se tienen que dar a la SEC[237] en Estados Unidos, por tanto esos datos los tenemos, no es fácil pero los tenemos. ¿Cuánto es el déficit sobre el producto bruto de la administración central, no hablo de las otras? Está en torno al veinte por ciento.

FS: Es de las cifras que presentan Ricardo Hausmann, uno de los mejores economistas de la región.

FG: Lo sé, lo sigo, entre otras muchas fuentes de información, la sigo. Para llevar eso en tres años, lo digo de una vez, no es un bing-bang, o en cuatro años, a un déficit controlable del tres o del cuatro por ciento del producto interno bruto, hay que hacer una operación combinada de reducción de gastos y de incremento de ingresos; acompañada de una recuperación de la economía productiva.

Ahora reducir gastos, tiene que ser excluyendo a la parte más castigada de la población, a la que ya no le pueden reducir gastos. Si le reducen gastos desaparece, por tanto tiene que haber una línea de protección social de las gentes más débiles de la sociedad dentro del plan de ajustes.

Pero el propio plan de ajustes tiene que aparecer con un gobierno decidido, que es lo que están esperando algunos de los que le piden restructuración de la deuda, decidido a bajar el déficit del veinte a cinco en tres años.

---

[237] Securities and Exchange Comission

Esto son tres tramos de cinco, es muy serio. Bajar el déficit, es reducir gastos y aumentar ingresos. ¿De dónde se aumentan los ingresos si la economía productiva está parada y los ingresos en dólares por el petróleo, salvo lo que sigue pagando el imperio, no tienen otro origen? Porque a China se le están pagando intereses de la deuda, con petróleo a un precio muy inferior al que había antes, por lo tanto con más cantidad solo para cubrir precios.

Pero, ¿Hay algún gobierno que se atreva a subir razonablemente los ingresos de una gasolina, que es lo único que hoy sigue siendo barato? Si no hay un gran acuerdo para repartir las responsabilidades entre todos y explicárselo al país, lo veo muy difícil. Dicho eso, ¿Cuál es mi esperanza?, mi esperanza es que Venezuela que es un país que tiene muchos recursos, que tiene mucha capacidad de rebote, tiene mucha capacidad de recuperación. Venezuela no es un país pobre de recursos como España, escaso de recursos, pero en Venezuela además de los recursos naturales de verdad hay que poner a trabajar a los recursos humanos, al capital humano, a la capacidad de crear, de trabajar, de transformar que tienen los venezolanos.

Por tanto, yo creo que cualquier modificación de la política tiene que hacer una apelación a la ciudadanía, diciendo que el futuro de Venezuela depende de la capacidad de los venezolanos, no de una supuesta renta petrolera, sino de la capacidad de trabajo, de la productividad, del empeño de los venezolanos. Y yo creo que ese sería el llamamiento más esperanzador para el ochenta por ciento de la población: pongámonos a trabajar que vamos a sacar el país adelante.

FS: Ahora bien, Considera usted ¿qué pasa algo extraño en Latino América, que el populismo puede perder fuerza en Latinoamérica y en Europa soplan vientos de simpatía hacia esos sectores extremistas?

FG: No, no, usted me está metiendo en un tema que es bastante general. En mi opinión y Teodoro[238] me comprenderá muy bien. Solo hay un populismo peor que el populismo de izquierda, es el populismo de derecha, y es muy abundante. Esta historia que cada vez que hablamos de populismo, lo colocamos como una opción de izquierda es mentira, sencillamente es mentira, porque el populismo de Marine Le Pen es él que es, o el del contrincante austriaco…después donde…o el Trump en Estados Unidos.

FS: Ese es peligroso.

FG: Bueno, peligroso porque es el imperio…Me estoy acordando de Torrijos. El viejo Torrijos.

FS: ¿Se refiere al General Omar Torrijos[239]?

FG: Él que murió. Que decía, cuando el mundo estaba haciendo esas valoraciones con Reagan, que hay mucha distancia

---

[238] Teodoro Petkoff.
[239] Omar Efraín Torrijos Herrera fue un oficial del ejército quien, junto con Boris Martínez y José H. Ramos Bustamante, encabezó el golpe de Estado de 1968. Fue jefe de Estado de la República de Panamá de 1968 hasta 1981 y firmó con el presidente Jimmy Carter de Estados, los acuerdos para la recuperación del Canal de Panamá.

entre Reagan y este hombre, mucha, pero bueno cuando lo decía él. Torrijos decía esa cosa muy típica del viejo Torrijos que decía: «Y yo que quiero que suelten ese gallo para ver cuantas gallinas hay en el gallinero».

FG: Típico, típico de Torrijos «Todo el mundo está asustado y yo que quiero que lo suelten, es la única manera que tenemos de contabilizar las gallinas en el gallinero». Una cosa perfecta, bueno en su visión de aquello, tan medio militar medio campesino que tenía de la cosa, pero bueno, ¿Qué estamos viviendo en el mundo? y es preocupante. Una crisis de gobernanza de la democracia representativa, esa la estamos viviendo.

Las respuestas son lo que Fernando Enrique Cardozo[240] llamaría «Utopías Regresivas», de derechas, de izquierdas, o de medio pensionista, me da igual. He visto muchos discursos populistas de derechas y todos se basan en lo mismo, los de abajo contra los de arriba, «hay que acabar con las elites que controlan y dominan el poder y se corrompen». Todos.

¿Tienen que ser de izquierda? No, se pueden poner una etiqueta de izquierda o una de derecha da lo mismo, el efecto contra la institucionalidad de la democracia representativa es el mismo.

---

[240] Fernando Henrique Cardoso sociólogo, político, politólogo, filósofo. Profesor emérito de la Universidad de São Paulo, funcionario de la CEPAL, senador de la República de Brasil, ministro de Relaciones Exteriores y ministro de Hacienda. Presidente de la República (1995-2002). Miembro del Global Elders (grupo de eminentes líderes globales convocado por Nelson Mandela y Graça Machel).

Por tanto, estamos viviendo una crisis de la democracia representativa con distintas representaciones, a lo largo y ancho del mundo. En Estados Unidos es evidente, contra todo pronóstico los republicanos que parece que no lo querían, acaban de proclamar como candidato a Trump. Contra todo pronóstico.

FS: Contra todo pronóstico.

FG: Y a pesar de eso, a pesar de su proclamación, la gente dice: «última esperanza; pero claro no va a ganar» yo les digo: no sé si va a ganar o no las elecciones, lo que afirmo es que ya ganó, aunque no gane las presidenciales, por tanto los que creemos en la democracia estamos siempre en una actitud defensiva del mal menor.

«Ojalá no gane», ya ganó, ya gano, una parte importantísima de la sociedad americana ha apostado por eso y por tanto eso va a contaminar a quien gobierne, sea quien sea. Lo mismo que Marine Le Pen en Francia, todavía no ha ganado pero ya ganó; porque tanto las fuerzas de la derecha como incluso las fuerzas de la izquierda, están intoxicadas por su mensaje xenófobo. Se está produciendo en una crisis de liderazgo y de un renacimiento, en Europa es muy evidente, del nacionalismo excluyente del otro.

FS: ¿Es el caso con Gran Bretaña?…

FG: Lo que ha pasado en Gran Bretaña, es que era un espectáculo increíble, yo lo exprese brevemente. El señor Cameron[241]

FS: ¿La apuesta...?

FG: El señor Cameron decidió incendiar la casa para salvar los muebles. Y ahora se encuentra sin casa y sin muebles. Ha hecho de Gran Bretaña, un tipo con mayoría absoluta en el parlamento, por razones puramente internas, orgánicas, internas. Ha hecho del Reino Unido, de la Gran Bretaña e Irlanda del Norte, el pequeño Reino de Inglaterra, porque ni Escocia, ni Irlanda del Norte han estado por salir de la Unión Europea y dentro del pequeño Reino de Inglaterra, dentro del Gran Reino Unido de la Gran Bretaña, Londres tampoco. Y para colmo, ha hecho un pan con unas ostias porque la población joven, que él debería representar por generación y por edad, que ha votado por estar en contra de salir de Europa, porque quiere libertad para moverse y la población mayor de setenta años, como yo, la que no tiene un horizonte de futuro que defender ha decidido por el futuro de los jóvenes.

Y todo eso por una irresponsabilidad, totalmente demagógica. «Ah no, yo consulto», Es que ¿Cómo consulta y asume las consecuencias de consultar? y las consecuencias son las que estamos viendo. Claro, ¿Qué pasa con Gran Bretaña?, a diferencia de lo que pasa en nuestros países, a pesar de todo, los británicos tienen

---

[241] David William Donald Cameron es un político británico, líder del Partido Conservador y Unionista entre 2005 y 2016 y primer ministro del Reino Unido desde 2010 hasta 2016.

una institucionalidad muy fuerte. Recuerde una serie de televisión que viene de una novela que se llamaba «Yes Minister». Llegaba un ministro nuevo y decidía que «había que cambiar no sé cuánto y tal» y el aparato institucional de exteriores, de la cancillería británica etcétera, decía: «Yes minister, yes minister»; pero hay que hacer lo que hay que hacer. Por tanto, el banco central, la cancillería y la diplomacia británica esta toda a pleno pulmón para que las consecuencias de este disparate, sean lo menos negativa posible para Gran Bretaña.

O sea, que en lugar de pagar el precio completo de la incapacidad política y de liderazgo, van a pagar mucho menos precio, porque tienen una institucionalidad muy fuerte. Que eso es lo que ocurriría ante un fracaso político, si esa institucionalidad existiera en Venezuela, eso es lo que ocurriría. Si las Fuerzas Armadas, tuvieran su papel, si la política exterior fuera profesional y tuviera su papel, si hubiera un departamento o un ministerio de economía y finanzas que no dijera cosa como el último ministro de economía y finanzas: «que la inflación es un invento del capitalismo o que USA Today decidía el tipo de cambio».

FS: Presidente González, frente a este escenario ¿Considera usted que la Social Democracia está en crisis en Europa…?

FG: Sí, si está en crisis.

FS: Y una figura como la de Willy Brandt, en este escenario global, es posible activarla para interpretar los nuevos tiempos que vive la sociedad.

FG: Willy Brandt me decía, en el momento que se estaba muriendo, y que estuve a verlo. Estaba de presidente de gobierno me recibía a mí y en aquel momento se negaba a recibir a lo que se llamaban los nietos de Brandt, que era mi generación, en realidad en Alemania eran: La Fontaine Schröder, etcétera, discrepaba de ellos; pero a mí me decía una cosa tan sencilla como esta: «La única ventaja de la Social Democracia es que siempre tiene la capacidad de tener nuevos comienzos, que la aguja de marear son los valores, los principios que la guían y su flexibilidad es aplicar políticas diferentes a tiempos diferentes, para conseguir esos valores esos objetivos».

Claro eso a mí siempre me impresionó porque creo, creo profundamente en eso, en la economía de la globalización. Las políticas económicas para insertarse con ventaja en la globalización, no puede ser como en la economía del estado-nación que es una economía que está influida por factores internacionales, que uno puede interpretar como negativos, como agresivos o puede interpretar como un espacio de oportunidad, que hay que aprovechar para hacer las políticas económicas y sociales que corresponda.

Por tanto, respuesta número uno la social democracia europea aportó cosas fantásticas como: la sociedad del bienestar, los derechos colectivos, tantas cosas que hicieron lo que todavía es, aunque haya una decadencia europea, la región del mundo con mayor grado de cohesión social, derechos, libertades sociales, …, todo esto es verdad. En una crisis de identidad muy seria con dominio del pensamiento conservador, o neoconservador, que me da igual, cada vez que le añaden «neo», nos acerca al siglo diecinueve, no nos mete en el siglo XXI, por tanto una hegemonía del pensamiento neoconservador, que ha enfrentado esta crisis de 2008 hasta ahora de la peor manera.

Si al menos lo hubiera hecho como Obama[242], con políticas activas contra la crisis y con políticas monetarias de acompañamiento, Europa hubiera sufrido menos. Europa abandona una idea fundacional de la Unión Europea en materia de política económica, que es la llamada «Economía Social de Mercado», ese es un invento europeo, una aportación europea que tiene todo su significado. Mercado y Economía Social, es decir la actividad económica funciona con reglas de mercado mucho más eficientes, pero su dimensión social es la tarea de la política.

Bueno, en un momento de este recorrido los dirigentes de la Unión Europea conservadora, arrastrando a los socialdemócratas, han pensado que la dimensión social de la economía es la que inhabilitaba su capacidad de competir en la economía global y están abandonando el concepto de «Economía Social de Mercado», por una pura economía de mercado, con devaluación salarial, precarización, abandono de las oportunidades de los jóvenes, etcétera, etcétera.

---

[242] Refiere a Barack Obama, presidente de Estados Unidos 2008-2016.

Pero curiosamente lo está abandonando en un momento en que analistas de otras ideologías como los que se reúnen en el Foro de Davos[243], y otros muchos, están denunciando el problema de sostenibilidad del modelo económico de la globalización; porque aumenta permanentemente las desigualdades, es decir porque le falta una dimensión social. Eso nos lleva a fenómenos como el de Estado Unidos. Lo ha hecho mejor, mucho mejor Obama que Europa en la lucha contra la crisis, pero no parece que se lo estén agradeciendo, ni que lo esté cobrando.

Bueno, parece que lo ha hecho mal, y el fondo de esa apariencia tiene una realidad, que es que el poder adquisitivo de la masa salarial en Estados Unidos es el mismo que hace cuarenta años. Como ha crecido el producto bruto y la renta, quiere decir que se ha concentrado en la parte de arriba, que las desigualdades han aumentado y en ese incremento de las desigualdades cualquier demagogia es bienvenida, la haga quien la haga. Trump dice, «esto son los inmigrantes, esto son no sé qué, que nos están quitando nuestro empleo». Cualquier analista serio sabe que Estados Unidos sin inmigrantes no es nada.

Europa tampoco, por tanto lo que temo y Teodoro, me va a entender muy bien cuando oiga esto: lo que temo es que se enfoque mal el análisis, algo que a él le va a gustar. Los movimientos

---

[243] El Foro Económico Mundial de Davos, es una organización no gubernamental internacional con sede en Ginebra, que se reúne anualmente en el Monte de Davos, Suiza.

antiglobalización nacieron en el Foro Social Brasileño, ahí en el Foro de Sao Paulo, a finales de los noventa y fue un incendio. No había una sola reunión de organismos internacionales o de mandatarios internacionales, que no estuvieran acosadas por ese movimiento antiglobalización, que se simplificó mucho diciendo «la globalización es un nuevo invento del imperialismo para que los países en desarrollo no se puedan desarrollar y puedan controlar la economía global por otros métodos.

¿Por qué eso se ha ido diluyendo? Se ha ido diluyendo, porque lo que ha ido demostrando una fase importante de la globalización es que los protagonistas de la revolución industrial y postindustrial, que habían sido Estados Unidos, Europa y Japón, en términos relativos se han beneficiado mucho menos de la revolución tecnológica de la globalización, que los países de lo que llamábamos el tercer mundo o emergentes, China, India, Asia, América Latina. La transferencia que ha habido de crecimiento y desarrollo de norte a sur y de oeste a este, ha sido tan espectacular que el mundo es completamente diferente.

Ante esa sorpresa se han paralizado, cuando lo interesante seria corregir el diagnostico que era equivocado, para hacer un diagnóstico correcto. Desde la desaparición del muro de Berlín y con la revolución tecnológica la economía de mercado o capitalista es víctima de sus propios errores, solo de sus propios errores. Entonces tiene un problema, enorme de sostenibilidad porque el crecimiento de las desigualdades no se puede mantener en el tiempo sin revueltas populistas de cualquier signo,

FS: Un mundo complejo….

FG: Y la socialdemocracia ausente.

FS: ¿Cómo le pareció lo que sucedió ayer en el Congreso aquí en España? (Martes 19-07-2016)[244].

FG: Me pareció…, (un suspiro), ahora aquí no se puede hablar de, de…Usted sabe, que en España desde el siglo diecinueve la tauromaquia y la política han estado siempre muy ligadas. Entonces se explicaban problemas políticos con términos taurinos. Ahora, ayer yo empecé a hacer un relato, que no sé qué voy a hacer con él, un poco sarcástico que era un homenaje a Cuco Cerecero, que era un periodista que murió en el año 77, cuando volvíamos de Chile en un viaje que hice en septiembre para intentar sacar de la cárcel a Carlos Lazo, gobernador del Banco Central chileno y a Erick Schanke senador de la república. Éste me acompañó con otros dos periodistas y cuando volvimos a Bogotá, porque no nos dejaron llegar hasta Buenos Aires, los militares me declararon persona «non grata» y tuve que moverme de Santiago a Bogotá, él, que me acompañaba, era mayor que yo, murió en Bogotá de una aneurisma.

---

[244] En ese momento Rajoy intentaba formar gobierno, luego de que su partido el PP o Partido Popular hubiese sido el más votado y presionaba al partido Ciudadanos dirigido por Albert Rivera para que lo ayudara a formar gobierno.

Bueno, y este hacía unos relatos periodísticos divertidísimos, empleando los términos de tauromaquia. Por ejemplo, cuando desaparece por muerte natural Franco, o innatural, porque la fue sometido a torturas increíbles de supervivencia, a su muerte se queda de presidente del gobierno Arias Navarro. Bueno a Arias Navarro, a este lo llamaba «el carnicerito de Málaga», en terminología taurina, a mí me llamaba «el morenito de Bond»

FS: ¿Por qué?

FG: Por mi amistad con Willy Brandt, yo era el morenito de Bond y así a cada uno lo calificaba. Entonces ayer se me ocurrió que Rajoy debía ser el «niño del registro», porque él es registrador de la propiedad y actúa en política como registrador de la propiedad. Registra lo que pasa, pero no actúa sobre lo que pasa y en términos taurinos está detrás del burladero, con habilidad más que con visión de estado. Con habilidad se queda detrás del burladero[245] y, de vez en cuando, enseña el trapito rojo y se revuelve todo el ruedo.

Todos los oficiantes, todos los demás actores se ponen nerviosos y empiezan a hacer derrotes contra las tablas, mientras que el otro mueve el trapito sin moverse. No hay nadie que lo saque al centro del ruedo. Si ven hoy la declaración que ha hecho es bien interesante: «Yo solo pido que me dejen gobernar».

---

[245] Valla situada delante de la barrera de una plaza de toros, de un tamaño y a una distancia de esta suficientes como para que detrás de ella se refugie el torero del toro durante una corrida.

Esa es la declaración hoy: «que me dejen gobernar, aquí estoy dispuesto, que me dejen gobernar. Que me dejen». Hay una figura de la tauromaquia que es Don Tancredo, cuya enorme ventaja era que se ponía en el centro del ruedo como una estatua y no se movía. Por tanto los toros no lo veían, no recibía ni una sola cornada.

Rajoy lleva cuatro años sin moverse y ahora, en la nueva cosa que he visto ayer, está detrás del burladero y enseña el trapo. Los nuevos, los nuevos ya no, porque están repitiendo, los nuevos miembros del cartel para la temporada taurina se agitan entre ellos y se echan las culpas entre ellos, mientras que el otro está tranquilo, «que se vayan desgastando».

Y en esa situación está «Riverita de Barcelona»[246], que el pobre ha tomado la alternativa en el momento en que han prohibido los toros en Cataluña, entonces tiene ahí un problema, o está el Coletas de la Complu[247]..., que... Ahí me quedo.

FS: presidente, como tenemos el problema del tiempo que es dramáticamente corto.

FG: Dramáticamente, yo tengo una cena iberoamericana....

FS: Quisiera aprovechar reivindicar un poco lo que habíamos comentado al comienzo de la entrevista.

---

[246] Se refiere al dirigente Catalán Albert Rivera, un prometedor político liberal que dilapidó el capital político que alcanzó en Ciudadanos.
[247] Se refiere a Pablo Iglesias, líder de Podemos y la Complutense donde Iglesias daba clases.

FG: Lo que quiero que sepa es mi opinión en una cosa seria. Yo creo que en España, estamos empezando la crisis, llevamos ya dos elecciones.

FS: ¿Se considera derrotado en este proceso que vive España?

FG: Es que como no soy candidato no me han derrotado. Yo, hace veinte años y dos meses, que salí del gobierno. Veinte años y dos meses, algunos piensan que fue ayer; pero tenía cincuenta y cuatro años y cuando salí decidí, en mi fuero interno sin presumir, que bueno yo hago esto…, decidí: «no voy a aceptar una responsabilidad institucional más». Fueron catorce años de responsabilidad del gobierno y veintitrés del dirigente máximo del partido socialista, creía que había cumplido y no lo acepte. Me propusieron para presidir la Comisión Europea, años después para presidir el Consejo Europeo, entre medio para sustituir a Boutros Ghali antes de que entrara Kofi Annan en la Secretaria General,[248] etcétera, etcétera.

Nunca acepte ninguna otra responsabilidad institucional, por tanto no estoy en el ruedo. Es verdad que tampoco estoy en la grada, porque estoy siempre preocupado por los errores políticos que estamos cometiendo y veo que hay una crisis de liderazgo dramática, dramática y el libro es una reflexión sobre eso («En búsqueda de respuestas: El liderazgo en tiempos de crisis»)[249].

---

[248] Secretaria General de la ONU.
[249] Autor Felipe González

Porque digan lo digan, el liderazgo siempre reemergerá como una necesidad. El híper liderazgo que desprecia a las instituciones es peligroso; pero un liderazgo con un fundamento en las instituciones es lo que da credibilidad y orientación a un proyecto de país y en esa crisis estamos, y España, desde luego, también. Así que estamos empezando la crisis política, empezando. Ojalá no cometan tantos errores que la conviertan en una crisis de sistema que fue lo que pasó en Venezuela.

En Venezuela no había una democracia fuerte, sino como decía el profesor de constitucional y presidente del Tribunal Constitucional, el que nos trajimos de Venezuela, y que después fue a morir a Venezuela, porque ahí vivió después de la Republica.

FS: El profesor constitucionalista y republicano, García Pelayo[250].

FG: García Pelayo, García Pelayo lo vio antes del «caracazo». «En Venezuela se consideran la democracia más fuerte de

---

[250] Manuel García-Pelayo Alonso (Zamora, España 23 de mayo de 1909- Caracas, Venezuela, 25 de febrero de 1991) jurista y politólogo español. Vinculado a la Republica, Una vez acabada la Guerra Civil, fue recluido en campos de concentración hasta 1941, en 1951 emigraría primero en Argentina y luego se trasladaría después a Venezuela, donde fundaría el actual Departamento de Ciencia Política de la Universidad Central de Venezuela y el Instituto de Estudios Políticos de esa Universidad. Continuaría con la labor docente hasta su retiro como profesor titular de la Universidad Central en 1979. En 1980, el rey Juan Carlos I le invitaría a formar parte del Tribunal Constitucional de España. Fue elegido presidente de ese órgano, y ocuparía el cargo hasta 1986, fecha en la que dimite de sus cargos de Magistrado y Presidente del Tribunal Constitucional y retorna a Venezuela donde fallecería.

América Latina, en realidad es una partidocracia fuerte, con instituciones débiles, cuando uno de los dos partidos entre en crisis, contaminara al otro y las instituciones no resistirán esa crisis de los partidos». Y después vino Caldera y después vino lo que vino, por tanto desapareció la institucionalidad por su fragilidad. Y eso García Pelayo no lo vivió, ya se murió, pero lo anticipó.

FS: Él estuvo muchos años en Venezuela

FG: Muchos, fue profesor de todos los presidentes.

FS: En el CENDES[251] es muy recordado porque dejó excelentes trabajos sobre la realidad venezolana.

FG: Era un hombre muy brillante:

FS: Aprovechando el tema del tiempo, quería hacerle una pregunta. Cuando usted fue a Venezuela, era presidente de España, estaba iniciándose el segundo gobierno del presidente Carlos Andrés Pérez. Recuerdo, haber estado en un evento donde nos decía: «ustedes que son de izquierda deben apoyar este programa de gobierno y tendrán un mejor país». Pérez era sin duda un excelente líder socialdemócrata, que resultó muy incomprendido. ¿Qué transfiere del presidente Pérez de ese episodio?

FG: A ver, lo recordare brevemente. La segunda presidencia de Carlos Andrés Pérez, es radicalmente distinta de la primera presidencia. La primera presidencia que hizo muchas cosas, las universidades, las publicaciones era una presidencia puramente

---

[251] Centro de Estudios del Desarrollo de la Universidad Central de Venezuela

petrolera, con una visión económica más rentista del petróleo, que del desarrollo equilibrado y ajustes económico. A mí, cuando sale de la primera presidencia, y yo entro en la presidencia de gobierno, como amigo me advertía, al estilo de Carlos Andrés Pérez, y como decía Gonzalo Barrios[252], a quien apreciaba mucho, Gonzalo Barrios, que estaba a mi lado en una intervención de una hora y pico de Carlos Andrés Pérez, en un acto, me decía con la socarronería y la inteligencia del viejo Gonzalo Barrios. «Ves, Carlos Andrés esta, esta», se atragantaba un poco, «está muy bien, pero le falta un poquito de ignorancia».

Típico de Gonzalo Barrios porque ya Carlos Andrés había arreglado cuatro o cinco problemas en el sudeste asiático, había hecho un recorrido por el panorama mundial resolviendo problemas y el otro socarrón dice: «está muy bien, le falta un poquito de ignorancia».

A mi cada vez que me veía, cuando tuve mi etapa de gobierno con Solbes[253], Boyer[254], Solchaga[255], me decía «te llevan a la ruina,

---

[252]Presidente vitalicio y fundador de Acción Democrática.
[253] Pedro Solbes fue uno de los miembros del grupo de trabajo para la negociación de la adhesión de España a la Comunidad Europea ya finales de 1985 fue nombrado Secretario de Estado para las Relaciones con la CE.
[254] Miguel Boyer Miguel Boyer Salvador fue un economista, profesor y político español, ministro de Economía y Hacienda del primer gobierno de Felipe González. Fue llamado padre del milagro económico español.
[255] Carlos Solchaga Catalán es un economista, político español y exdirigente del Partido Socialista de Euskadi y del Partido Socialista de Navarra, en el Partido Socialista Obrero Español. Fue ministro de Industria durante el primer mandato de Felipe González, y posteriormente ministro de Economía de España.

te llevan a la ruina. Esto que estás haciendo del plan de reindustrialización, esto de privatizar las empresas públicas», que era un cementerio empresarial creado por el franquismo para proteger a sus amigos. El carbón, es una ruina, «me quedó con el carbón, y a ti te dejo el patrimonio inmobiliario que se va a revalorizar y así sucesivamente». Empresas que pasaban al patrimonio público empresarial cuando ya estaban agonizantes, atenderlas a pérdidas.

Entonces, claro yo cambié eso, hice políticas que se entendieron mal, a lo mejor, algunos comunistas españoles como Anguita[256], decían que yo había hecho como la Thatcher[257], que quitaba la leche de las escuelas a los niños. Mientras que yo universalizaba el acceso a la educación y el acceso a la sanidad; pero él no entendió nada entonces, ni siquiera entiende nada ahora con mi edad, es el padrino de Iglesias y de Podemos y el hombre sigue en su confusión, lamentable pero el hombre sigue en su confusión, en su confusión de siempre.

Carlos Andrés me decía, «te van a arruinar veras, te van a sacar del gobierno, porque esta política», bueno, exasperado. Y lo

---

[256] Julio Anguita González fue un maestro y político español. A lo largo de su carrera política ostentó distintos puestos: fue alcalde de Córdoba entre 1979 y 1986, secretario general del Partido Comunista de España y coordinador general de Izquierda Unida.

[257] Margaret Hilda Thatcher fue una política británica que ejerció como primera ministra del Reino Unido desde 1979 a 1990, siendo la persona en ese cargo por mayor tiempo durante el siglo XX y la primera mujer que ocupó este puesto en su país, junto con Ronald Reagan impulsaron la corriente conocida como neoliberalismo económico.

decía, como lo decía Carlos Andrés, era eso, «el presidente que camina», directo, claro, tal cual.

Y yo le decía: «te estas equivocando que no, que no me iba a pasar eso». Tuve tres mayorías absolutas y cuatro periodos de gobierno, estuve catorce y pico años. Cuando estaba yo en el tercer periodo de gobierno, él vuelve a ganar como presidente. Y entonces hace una política que era inevitable, que era la política de ajuste y de modernización del aparato productivo que Venezuela necesitaba. Y entonces para él si era apreciable la cabeza de un Boyer o de un Solchaga, de estos que antes me criticaba porque me iban a llevar a la ruina.

Si yo lo que quiero es que me funcione bien la economía de mercado para que me genere un excedente suficiente para financiar una educación buena, un sistema sanitario público bueno y un sistema de pensiones que se sostenga. Por tanto ¿Dónde está el problema? Yo no quiero ahogar el mercado, al contrario.

Él hace eso en el 89, realmente hace eso, hace un esfuerzo. Y el esfuerzo, primero no fue entendido, el «caracazo» lo mato espiritualmente además las políticas de ajuste y de modernización no fueron entendidas, entonces se le volvieron en su contra, mucha gente de la suya, de las que no estaban conformes con él. Entre otras cosas porque Carlos Andrés Pérez, aplicaba con mucha dureza el principio de Arquímedes, donde se sumergía desalojaba mucha agua, demasiada, en cada bañera que se metía desalojaba gente por todos lados y hay mucha gente que no se lo perdonaba y empezaron a ponerle pegas, unos y otros.

Y eso se encadenó, pues, con un proceso, a mi juicio, absolutamente injusto contra él. Que era la consecuencia de un acuerdo, ahora que está muerto lo puedo recordar, de un acuerdo con los americanos para proteger a Violeta Chamorro, que estaba siempre amenazada de muerte, como la líder que iba, y como así ocurrió, iba a sustituir a los Sandinistas como presidenta de Nicaragua. Era una gran matrona que tenía hijos en todas las partes, de la revolución y la oposición

FS: En la revolución y en la contra revolución

FG: Carlos Andrés Pérez, la ayudó y la protegió y eso le costó a Carlos Andrés Pérez, un procesamiento, una salida infame, etcétera, etcétera, etcétera.

Cuando más de acuerdo estaba con Carlos Andrés, siempre fuimos amigos, siempre, siempre, pero amigos estando de acuerdo o no, eso era lo de menos. Aunque algunos no lo entienden, yo discutía mucho con él y al final cuando se produce el golpe de estado, dos meses antes yo le aviso del golpe de estado. Yo le aviso que le están preparando un golpe.

Yo era generacionalmente distante de Carlos Andrés aunque era más bien el hijo de Rómulo[258]. Rómulo me adoraba y me hacía

---

[258] Rómulo Betancourt el padre de la democracia venezolana, fundador de Acción Democrática y presidente de Venezuela 1958-1963

volar para celebrar los cincuenta años de actividad política, una cosa a la que no me podía negar era imposible de negarle nada.

Bueno con Carlos Andrés, le aviso: oye, tengo una información y no te la quiero dar por teléfono, el comprendía. «Te mando rápidamente a alguien, pero no te preocupes». Llegó, la persona y le dije: «por una vía que nunca me fallo tengo esta información, el problema está muy en marcha y el golpe se va a producir». Si, lo entendió y me dijo que: «no hay ninguna posibilidad, que no sé cuánto, que no sé qué...».

Esto fue a finales de noviembre, y el golpe ocurrió en febrero. Es que no lo creyó. A mi daba vergüenza. Yo era presidente del gobierno. Carlos Andrés fue ministro en la época dura, como bien saben Teodoro y tú en las pillerías que le hicieron a Rómulo, él era ministro del Interior de los que no iba a su casa a dormir, que se quedaba durmiendo en la bañera para que lo despertaba el agua cuando llegara. Era una bestia parda de trabajo, con una energía terrible y después de ministro del interior, presidente de la república, y después otra vez presidente. Hombre, a mí me daba vergüenza insistirle.

«Carlos Andrés, solo te puedo decir que nunca me falló esa fuente de información», que después le explique quien era. «No creas que me están vendiendo una película chueca la CIA, ni el otro. No, no, que la fuente es muy directa, que está incrustada en tu servicio de inteligencia militar para que lo sepas y tal». Total después nos vimos muchas veces, lo reconoció y bueno....

El cuento no acaba ahí. El cuento es que cuando me encuentro por segunda vez con Chávez, a petición de Chávez, le dije: «no me gustaría que habláramos habiendo zonas, digamos ocultas, debajo de la mesa. Yo quiero saber si sabias presidente, que yo avise a Carlos Andrés Pérez, del golpe que le preparaste. No sabía quién eras, ni cómo te llamabas. Sabía que había un comandante que estaba preparándole un golpe. Y quiero» saber si lo sabías.

Empezó a reírse. Y le dije, entonces: «lo sabías» dice: «No, no, no, no me rio por eso, me rio porque lo entiendo muy bien, porque no se lo creían, es que no se lo creían, no se lo creían. Ya estábamos a 48 horas del golpe y el único que se dio cuenta, fue un general, que era coronel en mi regimiento, y me conocía y era el único que me llamaba y me decía": «sé en lo que estas intrigando. Atención que yo lo sé, lo que pasa es que mis jefes no me creen; pero yo si se en lo que andas».

Luego Carlos Andrés que ya te digo, tuve una relación sería de amistad y de comunicación, incluso en las discrepancias. Luego vinieron las otras cosas. Los acontecimientos como el golpe de estado contra Chávez, que ese si era malo y la propuesta que me hizo Kofi Annan de ser su representante personal. Y le dije: «cuando a Chávez le diga, le insinúe que España ha estado detrás del golpe, dígale que yo soy enemigo de los golpe de estado, ni siquiera cuando los daba él». Y Kofi Annan se hartó de reír. Y cuando llegó Chávez se lo contó y Chávez se reía como un loco. Claro y yo se lo repetí en la conversación con él: «yo no soy partidario de los golpes de estado, ni el que diste tú ni el que te dieron a ti; pero no me parece más legitimo el tuyo que el otro. Es igual de ilegitimo»

«No, si, si, en eso tienes razón y tal»,

«Pero a ti te anularon el proceso y a los otros se quedaron no, se quedaron con la escalera».

La verdad es que también decidir que fuera Carmona el presidente tiene un bajado.

FS: La socialdemocracia no participó en el golpe porque ni Acción Democrática ni el MAS firmaron el decreto de Carmona

FG: Carlos Andrés quería que eso se produjera, otra cosa es que él tuviera influencia, no tenía influencia, no tenía ninguna influencia.

FS: En ese momento no tenía.

FG: Pero que lo quería si, ¿Por qué? Vamos a ver, porque la visión del exilio, por Dios, se distorsiona. Y la visión del exilio, empecé explicando eso, ante la exasperación de lo que pasa y de lo que sigue pasando, Venezuela en el pozo pues hay muchos que piensan, de una parte y de otra. No creáis que es solo de una parte. De los que creen se está traicionando al chavismo y que hay que recuperar el chavismo, hasta los que creen que el modelo ha fracasado y hay que recuperar…, y la gente habla todo el día, imprudentemente de solución cívico-militar que ya no va a ser cívico-militar, en todo caso será militar-cívico, con el relleno de lo cívico, solo que el relleno militar no sirve.

FS: Hablemos de Teodoro

FG: Vamos a ver si la maravilla de Teodoro es que nunca se calló, estuviera en la posición que estuviera, era limpio. Cuando se produce el mayo del 68 y después lo de Checoslovaquia, Teodoro dice: «esto no es lo mío». Entonces lo condenan a la parte de los infieles, como solía hacer la Unión Soviética.

Se ponía al mundo por montera. Eso es lo que yo pienso. Incluso en la evolución de su pensamiento, en lo que podríamos llamar su conversión, ha sido siempre auténtico.

Siempre, siempre, siempre, ha sido coherente en su autenticidad. Él, que crea y que funda el MÁS cuando el MÁS decide que va a apoyar a Chávez en su campaña electoral. Dice: «Yo no, yo de caudillo militar no quiero saber nada, yo me voy».

FS: «Los espero en la bajadita»[259], fueron las palabras que usó.

FG: ¿Cómo dijo?

FS: Su famosa frase, «los espero en la bajadita», la gente lo pitó y bueno «los espero en la bajadita».

FG: Mis respetos por Teodoro, no es el de la coincidencia con sus posiciones, que yo creía que estaban cometiendo un gravísimo error en la recuperación de la democracia con Rómulo Betancourt al frente, poniendo en crisis una democracia recién recuperada con amenazas de todo tipo, pero el que yo creyera eso no

---

[259] Frase venezolana que se debe entender como esperare el momento adecuado para verte caer

importa. El tipo (Teodoro) tenía una autenticidad absolutamente respetable.

Es decir era incomparable, como un tipo que no tiene precio, es una anomalía. Su convicción democrática tiene la misma autenticidad que su lucha revolucionaria contra la dictadura y contra los primeros pasos de la democracia. La misma autenticidad.

Que es lo mismo que lo salva y al personaje lo hace respetable. Y eso es lo que más le dolió a Chávez que la madera, que la cuña de su misma madera, de lo que él presumía, del discurso de izquierda, lo pusiera en su sitio desde el día número uno en Tal Cual.

FG: Ya te estoy respondiendo lo de Teodoro…Lamentablemente tenemos que acabar.

FS: Rápidamente, te voy a hacer un obsequio. Estos son una colección de mis artículos publicados el diario el Universal, los dos primeros se los dedique a Teodoro cuando fue candidato en el 2006. Y este es el programa de gobierno que en Materia de TIC trabajamos en la MUD, en el año 2012[260], cuando perdimos las elecciones con Chávez. Hay unos trabajos de un grupo de nosotros y es un poco la visión del país moderno que queremos construir.

---

[260] se trata del Libro Coordenadas para un País, publicado por la UCAB y coordinado por el profesor Marcelino Bisbal

FG: Sabes que leo Tal Cual cada día y debo decir respetando a todos los que trabajan ahí, que disfruto de verdad, con el humor amargo de Laureano[261].

FS: ¡Verdad!, él es buenísimo,

FG: ¿Quién te ayuda a esto?

FS: Este es el trabajo que coordinó el profesor Marcelino Bisbal, de la Universidad Católica Andrés Bello, yo llevó un trabajo sobre CANTV que está en la página 153, que es una visión sobre los nuevos escenarios para una eventual privatización de la CANTV.

FG: Pero te dejaron de último (risas).

FS: Lo importante es que trabajé en otros aspectos y estos son como le comenté artículos publicados en el diario El Universal. En la colección de artículos, hay una dedicatoria, porque de verdad en mi casa, aunque mi papá fue fundador del Partido Comunista, con el retorno de la Democracia a España y del PSOE, mi papa nos dijo «ese muchacho va a transformar a España». No se equivocó. De hecho, mucho de mi compromiso con el gobierno de Pérez y mi defensa a él, se debió a las palabras que pronunció en el Teresa Carreño, a principios del 89, durante la toma de posesión de Pérez, cuando nos pidió que lo apoyáramos. De verdad tuvimos una oportunidad preciosa de cambiar al país.

FG: Sin dudas.

---

[261] Laureano Márquez, famoso humorista venezolano, responsable de los editoriales de Tal Cuál los días viernes

FS: Pérez fue un incomprendido, personalmente me siento orgulloso de haber participado en ese gobierno. Te voy a pedir me firmes este libro (En la búsqueda de respuestas: El liderazgo en tiempos de crisis un libro escrito por Felipe González).

Lo hace y la dedicatoria exhibe «a Fidel, esta es la reflexión de un viejo que piensa en el futuro, sin perder la curiosidad»

FS: Gracias presidente,

Fin de la entrevista

i Rómulo Betancourt

Rómulo Betancourt Nació en Guatire, estado Miranda, Venezuela, día 22 de febrero de 1908. Es hijo de Luis Betancourt, inmigrante Canario, y Virginia Bello, nativa de Guatire. Cursó primaria en un colegio de su pueblo natal. En 1919 su familia se traslada a Caracas y culmina sus estudios de bachillerato en el liceo Caracas en 1924, que dirigido por el insigne escritor Rómulo Gallegos.

En 1926 ingresa a la Universidad Central de Venezuela a estudiar derecho. En 1928 ocurre su bautismo político al participar junto a los miembros de la Federación de Estudiantes de Venezuela (FEV) en la celebración de la Semana del Estudiante que tomó el carácter de una protesta contra la dictadura de Juan Vicente Gómez.

El 7 de abril de 1928 al poco tiempo de los sucesos de la Semana del Estudiante, que llevaron prisión a algunos de los dirigentes de la FEV, estalla una conspiración militar con apoyo estudiantil que logró apoderarse del cuartel de Miraflores, pero que fracasa al intentar tomar el cuartel San Carlos. Estos eventos son el origen de la Generación del 28. Betancourt, que estuvo comprometido con el alzamiento, se ve forzado a exiliarse en la isla de Curazao.

Tras la muerte de Juan Vicente Gómez, ocurrida el 17 de diciembre de 1935, regresa a Venezuela y junto a Alberto Adriani y Mariano Picón Salas funda el Movimiento de Organización Venezolana, conocido como ORVE.

A finales de 1936, el gobernador del Distrito Federal Elbano Mibelli, revoca el permiso de funcionamiento de ORVE y el Partido Republicano Progresista (PRP) y al junto al Bloque Nacional Democrático del Zulia, se fusionan y dan origen al Partido Democrático Nacional también conocido como PDN, del cual Rómulo Betancourt es electo Secretario General. Este movimiento es la Genesis de Acción Democrática, su partido conocido como AD.

El 13 de marzo de 1937, el gobierno presidido por el General Eleazar López Contreras decretó la expulsión del país, por el término de un año de treinta y siete dirigentes del PDN entre ellos Betancourt que pasa a la clandestinidad hasta que el 30 de octubre de 1939 es expulsado a Chile, donde establece importantes vínculos con el Partido Socialista chileno.

En 1940, cercano a la conclusión del mandato de López Contreras regresó a Venezuela, y promueve candidatura simbólica de Rómulo Gallegos a la oficialista del General Isaías Medina Angarita. Que resultó electo, en elecciones de segundo grado, Presidente de la República para el período 1941-1946.

Al acercarse el final del régimen de Medina Angarita, AD acepta apoyar al candidato del gobierno, con la condición de realizar una reforma constitucional que estableciera la elección directa del Presidente de la República, senadores y diputados. La iniciativa se frustró ya que al poco tiempo de iniciarse la campaña electoral, el candidato oficialista, Diógenes Escalante, sufrió una enfermedad mental que lo inhabilito.

El gobierno impuso una nueva candidatura, su ministro de Agricultura, Ángel Biaggini, que fue rechazada por AD y por sectores del ejercito entre ellos los coroneles Marcos Pérez Jiménez, Julio César Vargas y el general Carlos Delgado Chalbaud, quienes reclamaban una serie de cambios en las Fuerzas Armadas.

Bajo estas circunstancias, se produce un acercamiento con AD, que facilitó el Golpe de Estado del 18 de octubre de 1945, y condujo a una Junta Revolucionaria de Gobierno, presidida por Rómulo Betancourt, que hizo una constituyente y llamó a elecciones en 1948. Rómulo Gallegos, el candidato de AD resultó ganador. Y nueves meses después, el 24 de noviembre de 1948, sería derrocado por los mismos militares.

Betancourt se asila en la Embajada de Colombia y 1949 pate rumbo a La Habana. En esta ciudad fue víctima de un atentado que tuvo como autor intelectual a Rafael Leónidas Trujillo, dictador de República Dominicana. Posteriormente, viaja a Costa Rica, Estados Unidos y finalmente, a Puerto Rico. En estos años la editorial Fondo de Cultura Económica de México publica «Venezuela: Política y Petróleo», un libro de lectura obligatoria para entender a Venezuela y el modelo de desarrollo que sustento a Venezuela entre 1958 y 1988 cuando agotado el modelo el país entra en crisis. Resaltando en el mismo no solo la condición de estadista Betancourt sino haber sido el único mandatario venezolano que propuso, en ese libro, un proyecto de país y un plan nuestro desarrollo

Tras el derrocamiento del General Pérez Jiménez, el 23 de enero de 1958, Betancourt regresa a Venezuela, asume la presidencia de AD y es electo Presidente de la República en diciembre de 1958 para el período constitucional 1959-1964.

Durante su gobierno enfrentó diversos brotes conspirativos tanto de derecha como de izquierda, entre los que destacan los alzamientos del general Jesús María Castro León, abril de 1960; el atentado con una bomba en la avenida Los Próceres de Caracas, auspiciado por Leónidas Trujillo, en el que resultó con quemaduras de seriedad, 24 junio de 1960; la huelga de los trasportistas del 19 a 25 de enero de 1962 y los alzamientos militares del 4 de mayo y el 2 de junio, de ese mismo año, conocidos como «Carupanazo» y «Porteñazo», protagonizados por el Batallón de Infantería de Marina acantonado en Carúpano en el oriente del país, y por oficiales de la Guardia Nacional y de la Base Naval de Puerto Cabello en el centro.

Adicionalmente Betancourt tuvo que enfrentar dos divisiones de Acción Democrática durante este período, la primera a comienzos de 1961 que dio origen al Movimiento de Izquierda Revolucionaria (MIR) organización que le restó la casi totalidad de sus cuadros juveniles y que tomó junto al partido Comunista el camino de la lucha guerrillera, emulando a la revolución cubana a la que se vio forzado a reprimir y la segunda, a finales del mismo año, de la cual surgió el Partido Revolucionario de Integración Nacionalista (PRIN).

Pese a todas estas dificultades Betancourt no solo salió airoso sino condujo a Venezuela a las elecciones presidenciales de 1963, que desarrollaron dentro de una relativa situación de normalidad y en las que resultó electo Raúl Leoni, también de AD, para el período 1964-1969. Fue la primera vez en nuestra historia que se producía a través de elecciones libres una sucesión presidencial que le significó a Betancourt el calificativo de «Paladín de la Democracia».

Durante su gobierno Betancourt impuso en la OEA su llamada Doctrina Betancourt que establecía:

«Solicitaremos cooperación de otros Gobiernos democráticos de América para pedir, unidos, que la Organización de Estados Americanos excluya de su seno a los Gobiernos dictatoriales porque no sólo afrentan la dignidad de América, sino también porque el Artículo 1 de la Carta de Bogotá, acta constitutiva de la OEA establece que sólo pueden formar parte de este organismo los Gobiernos de origen respetable nacidos de la expresión popular, a través de la única fuente legítima de poder que son las elecciones libremente realizadas. Regímenes que no respeten los derechos humanos, que conculquen las libertades de sus ciudadanos y los tiranice con respaldo de las políticas totalitarias, deben ser sometidos a riguroso cordón sanitario y erradicados mediante la acción pacífica colectiva de la comunidad jurídica internacional».

Fiel a este principio su gobierno cortó relaciones diplomáticas con los gobiernos de España, Cuba, República Dominicana, Nicaragua, Argentina, Perú, Ecuador, Guatemala, Honduras y Haití e impulsó la salida de Cuba de la OEA.

En abril de 1964, después de hacer entrega de la Presidencia, viajó a Estados Unidos y de allí a Europa con el propósito final de residenciarse primero en Nápoles y posteriormente en Suiza para escribir sus memorias. Sin embargo en 1972 regresó a Venezuela, reafirmando las palabras que dijo al dejar el gobierno em 1964 «no volveré a aspirar a la alta magistratura, pues considero que puedo ser útil a la nación desde la posición histórica que he alcanzado».

Un año más tarde, triunfó en las elecciones presidenciales Carlos Andrés Pérez, su secretario privado durante los años de la Junta Revolucionaria (1945-1948) y su ministro de Relaciones Interiores en el período 1959-1964. En 1977, apoyó la candidatura presidencial de Luis Piñerua Ordaz quien fue derrotado en las presidenciales de 1978 por Luis Herrera Campins y uso la frase del Douglas MacArthur cuando se vio forzado a abandonar Filipinas: «We Will Come Back» o «Volveremos».

Durante este mismo año, la editorial española Seix Barral publicó una nueva edición de «Venezuela, Política y Petróleo», así como de sus libros «El 18 de octubre de 1945» y «América Latina: Democracia e Integración».

Falleció en Nueva York a consecuencia de un derrame cerebral masivo el 28 de septiembre de 1981, acompañado de su segunda esposa, Renée Hartmann Viso.

ii Carlos Andrés Pérez

Pocos políticos han tenido la posibilidad de impactar tanto a su país como Carlos Andrés Pérez que es junto a Rómulo Betancourt los dos dirigentes más importantes de Venezuela en el siglo XX.

Nacido el 27 de octubre de 1922 en la hacienda «La Argentina», en la aldea Vega de la Pipa, cerca de Rubio, estado Táchira en una familia de cultivadores de café. Es el penúltimo de los trece hijos de Julia Rodríguez y Antonio Pérez Lemus.

En 1938, a la edad de dieciséis años se afilio al Partido Democrático Nacional y posteriormente a Acción Democrática. Entre 1945 y 1947 fue secretario del presidente Rómulo Betancourt (1945-1948) y del Consejo de Ministros de la Junta de Gobierno. En 1948 fue elegido diputado al Congreso Nacional y ese mismo año contrae matrimonio con Blanca Rodríguez.

Tras el derrocamiento del presidente Rómulo Gallegos fue encarcelado durante un año y posteriormente expulsado a Curazao, de donde se trasladó a Bogotá y Costa Rica donde continuó sus estudios de derecho, sin llegar a graduarse, regresó clandestinamente a Venezuela para luchar contra Pérez Jiménez y nuevamente es arrestado y expulsado del país a La Habana donde se reunió con Rómulo Betancourt y de allí a Costa Rica.

En 1958 regresó a Venezuela y reorganizó AD siendo electo diputado al Congreso en las elecciones de 1958. Betancourt lo nombra Primer Director General del Ministerio de Relaciones Interiores y luego ministro del mismo despacho, donde debe hacer frente a dos intentos de golpe de estado y a la naciente insurgencia de izquierdas.

Tras su salida del gobierno es nombrado jefe de la fracción parlamentaria de AD (1964-1968) y miembro de su Comité Ejecutivo Nacional (CEN) desde 1968. En 1973 gana las elecciones para el periodo (1974-1979) donde lleva adelante importantes reformas como la Nacionalización de la industria del hierro (1975) y del petrolera (1976) y el Plan IV de la siderúrgica nacional (SIDOR) pero la más importante de todas fue el ambicioso plan de becas Gran Mariscal de Ayacucho, donde cerca de cincuenta mil jóvenes venezolanos fueron a estudiar en las universidades más prestigiosas del mundo y transforman por completo a Venezuela.

En 1988 es nuevamente elegido presidente de la Republica con el 54,5% de los votos. E inicia un nuevo proceso de transformación del país llamado el «Gran Viraje» que entre sus líneas propone aperturar al país a la economía global y los mercados internacionales, privatizar empresas del estado y llevarlas a la bolsa de valores para democratizar el capital, descentralizar el país y permitir que los venezolanos eligiesen a todas sus autoridades regionales. Comenzando su mandato, las crisis heredadas de los gobiernos de Luis Herrera y Jaime Lusinchi lo sorprenden con una explosión social el «Caracazo» del 27 de febrero de 1989.

Pese a ello sigue adelante con el plan de reformas estructurales y sobreviene un período de gran inestabilidad política, con dos golpes de Estado, en febrero y noviembre de 1992 y un juicio político, el primero en la historia venezolana a un presidente en ejercicio, por supuesta malversación de la Partida Secreta del Ministerio de Relaciones Interiores. Episodio aclarado por Felipe González en este ensayo. Fue destituido de la Presidencia y sucedido por Ramón J. Velázquez para que completara el período constitucional.

Se incorporó activamente a la política nacional para oponerse a la candidatura de Hugo Chávez, el militar que le dio el golpe de estado en febrero del 92 y se le dicta un nuevo Auto de Detención por averiguación de las cuentas mancomunadas llamadas Pérez-Matos, y vuelve a estar en arresto domiciliario mientras se decide el juicio. En 1998 es electo congresista por el Estado Táchira.

En su vida privada, tuvo seis hijos con Blanca Rodríguez: Sonia, Thais, Martha, Carlos Manuel, María de los Ángeles y María Carolina. Se separaron en 1998 y se radicó en Miami con su compañera sentimental, Cecilia Matos, con la que fue padre de María Francia y Cecilia Victoria. El matrimonio Pérez Rodríguez continuó su unión legal hasta la muerte del exmandatario.

Falleció en Miami víctima de un ataque cardiaco el 25 de diciembre de 2010. Circunstancias políticas y jurídicas lo mantuvieron distante de Venezuela, pero no de sus acontecimientos, de las luchas partidistas en lo personal creo que su derrocamiento en 1993, así como el golpe de estado de 1992, le robaron una oportunidad de oro a Venezuela para convertirse en un país con una economía superior a la chilena, pero sobre todo la increíble oportunidad de dar un salto al desarrollo.

Acerca del autor

Fidel Angel Salgueiro Pérez, nacido en Venezuela, padre venezolano y madre española. Estudió Computación en la Universidad Central de Venezuela e ingeniería electrónica y comunicaciones en la Universidad de Newport, California, EE. UU., Master en Liderazgo Directivo, Coaching e Inteligencia Emocional de la Universidad Politécnica de Cataluña; Especialista en Desarrollo de Negocios de George Washington University; Master en Gerencia Empresarial de la Universidad Jose Maria Vargas y egresado del Programa Avanzado de Gerencia del Instituto de Estudios Superiores en Administración, IESA.

Es un profesional de las telecomunicaciones con 43 años de experiencia. Veinte de los cuales fueron en la Compañía Anónima Teléfonos de Venezuela, empresa en la que empezó como técnico a la edad de 16 años y alcanzo cargos de dirección técnica y de marketing tanto como responsable de la operación de la red como en la dirección de desarrollo de nuevos productos y servicios. Participó en la privatización de CANTV y en el diseño de los anexos técnicos del contrato de concesión de 1991.

En su carrera ha ocupado numerosos cargos ejecutivos y de consultoría, en empresas transnacionales y locales como Verizon-CANTV, DIRECTV-AT&T, Unisys Venezuela, Pacifictel Ecuador, Alodiga Panamá y USA, Social&Beyond y Adamo Telecom en España. Actualmente trabaja para la consultora Apertoss y presta servicios en Guinea Ecuatorial como responsable del proyecto de consolidación de la red 4G de la empresa GETESA, Guinea Ecuatorial Telecomunicaciones Sociedad Anónima.

Entre 2002 y 2015 Fue profesor de postgrado de la Facultad de Ingeniería Universidad Central de Venezuela y del postgrado de derecho en telecomunicaciones de la Universidad Alejandro Humboldt, durante quince años colaboró para la revistas Inside Telecom y Asociación Hispanoamericana de Centros de Investigación en Telecomunicaciones, AHCIET.

Es miembro de la Comisión de Telecomunicaciones e Informática de la Academia Nacional de Ingeniería y Hábitat de Venezuela. Coach certificado, dicta talleres de liderazgo y motivación y junto a su esposa coordina los Talleres «Aprendiendo a Vivir en Incertidumbre» y «Abrazando la vida» para CATNOVA, en Barcelona, España donde actualmente reside. Es autor de las novelas «La mirada del mar»; «El extraño caso del asesino del Raval» y «Expediente Pandora».

Caracas, 01 de febrero del 2021

Ingeniero
Fidel Salgueiro
Presente.-

Estimado Ing. Salgueiro:

Tengo el agrado de dirigirme a usted a fin de informarle que la Junta de Individuos de Número en su sesión realizada en el día 8 de diciembre del 2020, se consideró y aceptó unánimemente su designación como miembro de la Comisión de Telecomunicaciones e Informática.

Estamos complacidos que usted haya aceptado este nombramiento y tenemos la confianza que será beneficioso para el cumplimiento de los objetivos de esta importante Comisión.

Por favor, puede comunicarse con el Presidente de la Comisión, Acad. Alfredo Avella Guevara, (alfredavella@gmail.com) para que le informe las fechas de reuniones y demás actividades de la misma. Adicionalmente lo invitamos a consultar el portal de nuestra Academia en internet para enterarse de los detalles operativos, comisiones, reglamentos, etc. (www.acading.org.ve)

No dude en contactarnos para cualquier asunto relacionado con la Academia.

Atentamente,

Griselda Ferrara
Secretaria
Academia Nacional de la Ingeniería y el Hábitat

www.ingramcontent.com/pod-product-compliance
Lightning Source LLC
Chambersburg PA
CBHW052309220526
45472CB00001B/39